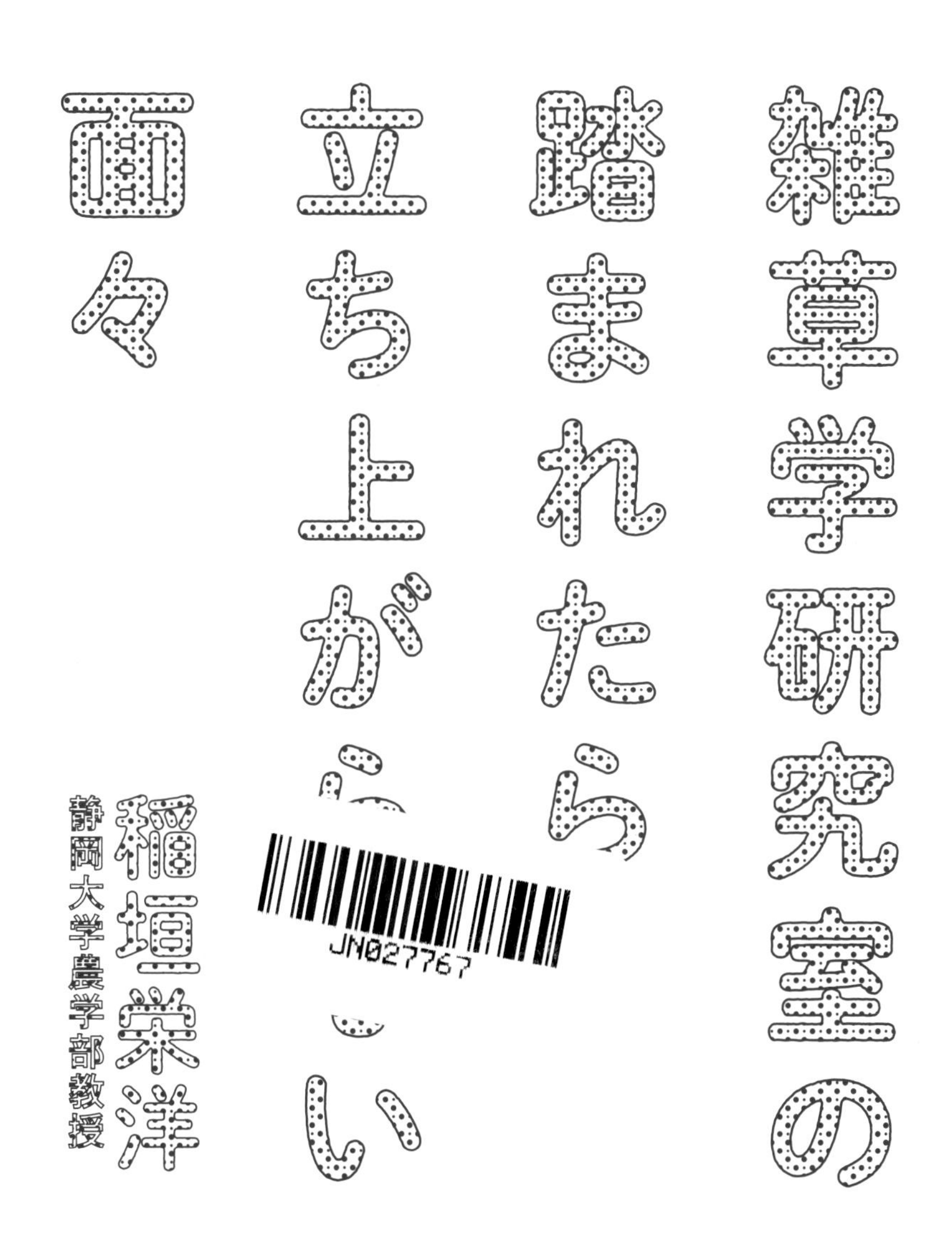

小学館

プロローグ

「先生、『ザッケン！』って知ってます？」

ゼミ長の江尻（えじり）さんが、いきなり研究室に飛び込んできた。

「ゼミ長」は研究室の学生をとりまとめる学生の代表である。私の研究室は、学部4年生のひとりがゼミ長をすることになっている。

ゼミ長の主な役割は、教員と学生との連絡係と、飲み会の乾杯の音頭取りである。

ゼミ長は研究室で一番、権限を持つ存在でもある（ちなみに2番目は私だ）。

「実験なら知ってるけど」

「『じっけん』じゃありません。『ザッケン！』です」

聞けば、『ザッケン！』は都立日比谷高校の雑草研究部という実在する部活動をモデルにした漫画のタイトルらしい。雑草研究部の略称が「ザッケン」なのだ。

「私たち、自分たちのこと『ザッソーケン！』と呼んでたんです」

私たちの研究室は、雑草を研究する雑草学研究室である。略称は「雑草研」。そこで、学生たちは、それを気取って「ザッソーケン！」と呼んでいたらしい。

「それは明らかに『ザッケン！』のパクリじゃないの」

「違います。ずっと前から自分たちのこと、そう呼んでいたんです」

「でも、『！』まで、カブッてるよ」

「『！』が好きなんです。だって、卒業生が集まるＯＢ会だって、『ＯＢ会‼』と『！』が２つもついているじゃないですか」

確かにそうだ。どうしてＯＢ会の案内に「‼」がつくんだろう、と前から疑問に思っていたところだ。「‼」が正式名称だったのか‼

「私のラインの文章も見てください」

見ると、「承知しました！　ありがとうございます！」と、もはや句読点代わりだ。

「別に漫画とカブッたっていいじゃないか。『ザッソーケン！』は、研究室の学生だけで使っている言葉だろ。別に問題ないと思うよ」

「だって、先生が本を書くかも知れないじゃないですか？」

「そんな心配してるの？　ダイジョーブ、ダイジョーブ、研究室のことなんか、本になるはずがないよ。もし、そんなことがあったら逆立ちして大学の農場のまわり一周してあげるよ！」

その「ザッソーケン！」が本になりました。

＊文中に登場する雑草にかかわる記載や紹介した研究成果はすべて事実ですが、文中のエピソードは実話を基に脚色して書いています。

＊『ザッケン！』は、コミックアプリ「マンガワン」に連載され、好評を博した漫画作品。新進気鋭の映画監督・上村奈帆さん原作、作画はイラストレーターとしても活躍するプクプクさん（本書の装画も描いてくださってます！）。東京都立日比谷高校雑草研究部が取材に協力し、植物の知識も自然と深まる〝学べて笑えてちょっぴり泣ける〟作品です。現在、コミックス全4集が小学館より発売中。

1 ヒメタカサゴユリのど根性

――ちいかわな女子学生、新品種を作る

授業が終わって、大好きなブラックコーヒーを飲んでいると授業を聞き終わった井西(いせい)さんがやってきた。

「ライス教授、私、雑草学研究室に入って、ちいかわな研究、したいです」

「あらたまって、ライス教授って呼ばれるとかえってバカにされてる感じだから、とりあえず『先生』でいいよ」

「先生、私、雑草学研究室に入って、ちいかわな研究、したいです」

おそらく、色々と説明しなければならないだろう。

まず、「ちいかわ」(※)は、女の子に人気の漫画のキャラクターで、聞くところによると「なんか小さくてかわいいやつ」の略称らしい。井西さんが言う「ちいかわな研究」の意味は、後でじっくりと説明することにしよう。

ライス教授とは、私のことである。もちろん、本名ではない。

外食に行くと、いつもライスかパンか迷ってしまう。

いや、本当は米が大好きなのだ。しかし、最近は米の味にこだわらない店も増えてきた。そして、私は何よりまずい米が大嫌いなのだ。

好きな食べ物は美味しいご飯、嫌いな食べ物は美味しくないご飯。いつも米が美味しくないと言ってはパンを食べているので、人は私のことを米嫌いだと思っているが、私は本当の米好きなのだ。「ライスにしようか、どうしようか」「やっぱりライスにすれば良かったか」、「ライスライス」とぶつぶつひとり言を言っているらしいので、学生たちは私をライス教授と呼んでいるようだ。


そして、私の研究室が雑草学の研究室なのである。


「雑草学なんて、あるんですね」と驚かれることがある。

「雑草学」という言葉は、まるでＵＦＯ学やアイドル学のようなユニークな学問に聞こえるのだろう。

しかし、考えてみて欲しい。

たとえば、農業や緑地を管理する上でもっとも問題となるのが雑草の管理である。雑草を研究することは、ウイルスや害虫を研究するのと同じくらい重要なことなのだ。

実際に、日本には雑草を研究する人が何千人もいるし、「雑草学会」という学会も世界中にある。

それでも、「雑草学」が変わった学問だと思われてしまうのは、「雑草」という言葉が、あまり科学的な響きがしないからだろう。

しかし、雑草学の先人たちは、この「雑草」という言葉に、こだわってきた。

聞くところによると、かつては「害草学」にしてはどうか、と提案されたことがあるらしい。

ただし、雑草の中には有害なものもあるが、害のないものもある。だから、害草ではない、と「雑草学」という名前が守られたという。

「雑草学」は世界中にあるが、英語では「weed science」という。これは直訳すると、「雑草科学」だ。

しかし、先人たちは雑草科学とは呼ばなかった。

サイエンスは一般的に自然科学を意味する。しかし、雑草学は単に植物を研究するだけの「植物学」でない。そこには常に人間がいる。それは社会科学であり、人間科学でもあるのだ。さらに人々は雑草と戦いながらも常に雑草と向き合ってきた。春の七草や草餅のように雑草を暮らしの中に取り入れてきたり、詩歌に詠んだり絵画に描いたりしてきた。

雑草学は単なるサイエンスではない。「雑草学」は「雑草学」だ、と先人は主張した。こうして、「雑草学」という、あまり科学的でない言葉が大切に守られてきたのだ。

私はそんな「雑草学」という言葉が好きである。

そして僕らは、そんな雑草学を学び、研究する「雑草学研究室」なのだ。


私の研究室には、大学3年生が分属されてくる。

井西さんがやってきた年の秋、彼女は、希望通り雑草学研究室に分属された。

私は、研究室にやってきた学生たちと、まず一対一で面談をする。学生の人となりを見たり、どんな研究をしたいのか希望を聞いたりするのが、その目的だ。

一対一なので、かつては「ワンワンタイム」と呼んでいたが、あるとき分属された学生が全員ネコ派だったので、この呼称はなくなった。今は163ページで後ほど紹介する倉貫義人(くらぬきよしひと)さんに教えていただいた「雑相」という言葉を使って「雑相タイム」と呼んでいる。雑相タイムは、雑な相談、あるいは雑談まじりの相談という意味だ。研究室にやってきた学生にとって一対一の面談というと、怖いイメージがあるが、「雑談しましょう、相談しましょう」というニュアンスを含んだ「雑相タイム」という呼び方の方が、学生たちも話しやすいようだ。

雑草の研究には大きく3つの分野がある。

ひとつ目は「雑草防除」である。何しろ雑草は邪魔者だ。雑草を防除することが雑草学のもっとも大切な役割である。

２つ目は、「雑草の生態」である。私たちに身近な雑草だが、じつは植物としては特殊な存在である。雑草が生える環境は、人間が作り出した特殊な環境である。雑草はその特殊な環境に適応して、特殊な進化を遂げた植物なのだ。

雑草を防除するためには、まず敵である雑草の特徴を解明しなければならない。特殊な進化を遂げた雑草の特殊な性質を明らかにすることも、雑草学の大切な研究テーマである。

そして、３つ目が「雑草の利用」である。雑草はやっかいな存在である。しかし、雑草の持つ特殊な性質は、うまくすれば利用価値があるかも知れない。

やっかいな雑草も、味方につければ心強い存在なのだ。

雑草が小さな花を咲かせる理由

「井西さんは、ちいかわな研究がしたかったんだよね」

私は、分属前に井西さんがやってきたときのことを思い出していた。

「はい、花の研究をしたいんです」

「なるほど、雑草の花か……確かに雑草の花は小さくてかわいいからね」

雑草というと、何でもない草が、何となく生えているように思われているが、そうではない。

雑草が生える場所は、植物にとっては過酷な場所である。頻繁に草取りされたり、踏まれたり、刈られたりするような場所に、ふつうの植物ではとても生えることができない。そのような特殊な環境に生えているのが雑草なのだ。

雑草として振る舞っている植物は、じつは、すごい植物なのである。

どんな植物でも雑草になれるわけではない。植物が雑草として成功するために必要な性質を「雑草性」という。雑草性を持つ植物だけが、雑草になることができるのだ。

小さな花を咲かせることも、じつは雑草性のひとつである。

大きな花を咲かせることは簡単ではない。大輪の花を夢見ても、花を咲かせることができなければ、何にもならないのだ。

そこで雑草は、小さな花を咲かせる。大きい花を咲かせることに比べれば、小さな花を咲かせることはハードルが低いからだ。

小さい花は大きい花に比べて劣るように思うかもしれないが、そうではない。

雑草は余裕があれば、小さな花を次々に咲かせていく。小さな花が集まっていれば、大きい花と同じように目立たせることができる。しかも、大きなひとつの花よりも小さい花が次々に咲く方が、花の時期が長くなる。小さな花をたくさん咲かせるから、状況に応じて花の数を変化させることができる。状況に応じてフレキシブルな対応が可能なのだ。

「確かに、雑草の花は面白いね」

私は言った。

「じゃあ、この論文を読んでみて、ゼミで発表してみてくれる？」

私は、数本の論文を井西さんに手渡した。


動けない植物にとって、移動できるチャンスが2回だけある。

それが花粉と種子である。花粉は昆虫などに運ばれて移動する。そして、受粉して種子を作ると、タンポポの綿毛のように移動することができる。

花粉を作り、種子を作る「花」は、植物の成功にとって、もっとも重要な器官と言っていい。花の戦略はじつに面白い。そして、幅の広いテーマである。

さらに雑草には興味深い特徴がある。

植物は花粉を運び、受粉をするために昆虫を呼び寄せる。

しかし、街中のような自然が少ない環境では、昆虫がやってこないこともある。そのため、昆虫が来なくても種子をつけるような特別な仕組みを持っているものもある。

どんな研究を井西さんは面白がってくれるだろうか。

私は井西さんとの雑相タイムを思い出しながら、卒業研究のテーマの候補を考えていた。


ところが、である。

井西さんは、私が指定した論文とは、まったく違う論文をゼミで紹介した。

それも、あろうことか、私が昔に書いた論文だったのである。

それは、ユリに関する論文だった。

私は大学に赴任する前に所属していた研究所で、花の研究を行っていた。当時の私のミッションは、ササユリというユリを種子から3年以内に開花させるということだった。何でも、大きなイベントが3年後に開催されることになり、3年以内にたくさんのササユリを咲かせなければならないという話である。

しかし、通常の方法ではササユリは種子から開花までに6年を要する。そのため、大幅に期間を短縮しなければならないのだ。

さまざまな方法を試したが、そのひとつとして「雑草を利用すること」を思いついた。

その雑草が、タカサゴユリである。

タカサゴユリは台湾原産のユリである。しかし、近年では帰化雑草として日本国内にも広がっている。

タカサゴユリは、世界のユリの中では珍しく、雑草として振る舞っているユリである。

すでに紹介したように、雑草は何でもない草が何となく生えているわけではない。雑草として生えるためには特殊な「雑草性」が必要となる。

たとえば、花壇に植えてある草花でも、種子がこぼれてまわりの庭や道に生えて雑草になるものと、花壇の中から出ることのないものがある。これが雑草性を持つ植物と、持たないものとの違いである。

タカサゴユリは雑草として振る舞うための「雑草性」を持っているのだ。

タカサゴユリは南西諸島に自生するテッポウユリから進化したと考えられている。

テッポウユリは、もともと南西諸島の海岸に分布する海浜性の植物である。そのテッポウユリが台湾に渡ってタカサゴユリとなった。そして、不思議なことに、この進化の過程でタカサゴユリが雑草になったのだ。

タカサゴユリの身の上に、いったい何があったというのだろう。

その経緯は未だ謎である。


ともかく雑草であるタカサゴユリは、他のユリとは違う性質を持つ。

その雑草性のひとつが、種子から花が咲くまでの期間が短いということである。

ササユリは種子から開花までに6年が掛かる。一方、タカサゴユリは種子から数か月で花を咲かせることができる。速やかに成長して、短期間で種子を残すことは、雑草として成功する上で効果的な特徴のひとつだ。

私はこのタカサゴユリの特徴に目をつけた。

もし、1年以内で花が咲くというタカサゴユリの特徴を取り入れれば、種子から早く開花するユリの品種が作れるのではないかと考えたのである。

ミッション成功、ライス教授お手柄！　しかし……

さっそく、私はササユリとタカサゴユリの交雑を行うことになった。

もちろん、ササユリとタカサゴユリは、種が異なるから、通常の交配では種子を作ることができない。

ユリは雌しべが長く、おそらくは、この長い雌しべの中を花粉管が伸びていくときに、別種の花粉は異物として排除されると考えられている。そのため、雌しべを短く切断して、種子の元になる胚珠に近いところに花粉を授粉することで、種の壁を越えて雑種を作りやすくなることが知られている。

ただし、こうしてできた種子の元になる雑種胚は、そのままでは種子に成長せずに死んでしまうことが多い。そのため未熟児を保育器の中で育てるように、種子の発達に必要な栄養素を含んだ培地の上で雑種胚を育てる。こうして、雑種の苗を育成するのである。

その結果、どうだったろう。

何と、見た目はササユリに近く、１年以内で開花する新しいユリの品種を作り出すことに成功したのである。

もっとも、そのユリを開発するのに3年要したから、ユリの花が見られたのは4年目になってしまった。

結局のところ、目的としたイベントには、間に合わなかったのである。

井西さんが紹介したのは、この仕事に関する私の論文だった。

そして、思い切ったように言った。

「私、タカサゴユリの研究がしたいです」

「えっ、いつから、そう思っていたの？」

「最初に先生のところを訪問したときからです」

「えっ、そうなの？　それならそうと最初から言ってよ～」


雑相タイムでしゃべりすぎた――

と、私は直感的に反省した。

研究室にやってきたばかりの学生にとって、教授は気軽に話しにくい存在でもある。その緊張をほぐそうと、ついつい私がしゃべることになる。しかし、会話がはずんでいるように思えても、気がつけば私ばかりがしゃべりすぎて、学生が聞く一方になってしまうことが起こりやすい。できるだけ学生が話しやすいように、よほど注意しなければならないのだ。

井西さんは最初からタカサゴユリの研究をしたかったのだ。そのために、この研究室に来たのだ。それなのに、私は彼女にそれを言い出す機会を与えていなかったのである。

Leader（リーダー）の「L」はListen（傾聴する）の「L」である。

私は昔から大切にしている言葉を、呪文のように心の中で唱え直した。

聞けば井西さんは、私が授業の中で、ササユリの研究の失敗談を笑い話として話したのを聞いて、タカサゴユリに興味を持ったらしい。

「でも、タカサゴユリの花は小さくないよね？」

雑草とはいえ、タカサゴユリはユリだから、他の雑草に比べるとずっと花が大きい。

「ユリの中では小さくてかわいいじゃないですか！」

確かにそうだ。他の雑草に比べれば花は大きいが、他のユリに比べればずっと小さい。

井西さんは、私のタカサゴユリの話を聞いて「小さくてかわいいユリ」が作れるのではないかと思ったらしい。

小さくてかわいい花に興味があると言ったのは、「雑草の花」ではなく、「園芸的な観賞用の花」だったのである。

タカサゴユリの花も、比較する相手によっては大きいと言われたり、小さいと言われたりする。


だから、比べてはいけないのだ。

私はわかったような気になった。


井西さんが着目したのは「小さく咲く」という雑草性である。

小さく花を咲かせることは雑草の真骨頂である。

本当は大きく育つはずの雑草が、道ばたで踏まれながら小さく花を咲かせているのをよく見つける。しかも、雑草のすごいところは、ただ、小さくなるだけではないということだ。どんなに条件が悪いときにも、必ず花を咲かせるというのが、雑草の特徴である。

タカサゴユリは、雑草のユリなので「小さく咲く」という特徴を持っている。


一般に、ユリは大きくて豪華なイメージがある。

しかし、井西さんはタカサゴユリのように小さく咲くユリの品種を作りたいというのだ。

雑草の研究には、「雑草の防除」と「雑草の生態解明」と「雑草の利用」があるが、中でも私が面白いと思うのは、「雑草の利用」だ。

私の学生時代の恩師であるO先生は「雑草利用学」を提唱する「雑草の利用」の第一人者だった。私が雑草学を志したのは、学生時代に聞いたO先生の授業がきっかけだ。

漫画やテレビ番組などで敵キャラが味方に転じる展開があるが、難敵だと思っていた「雑草」が味方になるなんて、ワクワクする展開だと思わないだろうか。

「雑草のユリを利用するアイデアは面白いね！」

私は井西さんの考えに感嘆した。

「どれくらい小さいユリを作りたいの？」

「かわいいポットに植えて、机の上に置けるようなユリを作りたいです」

「テーブルの上に置けるテーブルリリィか、いいね！」

確かに小さなタカサゴユリの個体くらいの大きさであれば、テーブルの上に飾ることができる。

井西さんが考えたのは、「かわいいユリ」と小さく咲く「タカサゴユリ」の掛け合わせだ。

新しい品種を作るという仕事は、華々しく思えるかも知れないが、そのじつは、地道な作業の連続である。

気温40度を超えるような真夏のビニールハウスの中でひたすら交配を行い、交配がうまくいけば、実験室の中で雑種胚を取り出して、培養をする。井西さんは、ひたすらこの作業を繰り返した。

私が神さまなら、すぐにでも井西さんに小さくてかわいいユリを授けたことだろう。

しかし、ユリの神さまは、簡単には新しい品種を許さなかった。

彼女の作り出した雑種は、どれもタカサゴユリに近くて、イメージするような「かわいいユリ」が得られなかったのである。本来であれば、この雑種に再び「かわいいユリ」を交雑して、いっそう「かわいいユリ」に近づけるという作業を行う。しかし、品種育成には時間が掛かる。学生の彼女にはそんなに時間を掛けている余裕はない。

大学という場所は、今も昔もサブスクだ

さらにタカサゴユリには、もうひとつ問題があった。

雑草は条件によっては小さく咲くが、少しでも条件が違うと大きく育ってしまう。

さまざまな環境に生えなければならない雑草は環境によって変化する能力が大きい。この変化する能力は「可塑性(かそせい)」と呼ばれている。

もともと植物は、動物に比べて体のサイズの変化が大きいが、雑草は、植物の中でもこの「可塑性」が大きいとされている。可塑性が大きいことも「雑草性」のひとつだ。

タカサゴユリは1メートル前後に育つのがふつうだが、小さいものは10〜20センチの草丈であ

る。一方、大きいものでは5メートルくらいにまでなり、見上げるほどの高さに成長してしまうこともある。

こんなに巨大に育ったら、とても「ちいかわ」とは言えないだろう。

そこで、井西さんは品種づくりに挑戦する一方で、安定的にタカサゴユリを小さく栽培する方法を開発していた。ただし、ある程度、小さくする方法は解明されたが、コストや作業性を考えると、実用化にはまだまだ時間が掛かりそうだ。


井西さんは、いったいどうするのだろう?

私はしばらくようすを見ていた。

何しろ、これは私の研究ではない。井西さんの研究なのだ。

もちろん聞かれれば答えるし、相談されれば相談に乗るが、私は、学生に対して手取り足取り教えるようなことはしない。

どちらかというと面倒見の悪い先生だ。

学生にとって、研究は仕事ではない。仕事ではないのだから、やらされるものではなく、好きなことを好きなだけやるものだと思っている。

最近は定額サービスのサブスクが流行っているが、大学という場所は、今も昔もサブスクだ。

何しろ、授業料は決まっている。その定額料さえ払えば、追加料金なしで「授業受け放題」、

「勉強し放題」「研究し放題」「指導受け放題」なのである。

コスパ良く、楽勝科目で最低限の単位を取って、卒業することもできるが、それではあまりにもったいない。定額料金を払っているのだから、利用した方がお得なのだ。

※イラストレーターのナガノさんがTwitterで連載している漫画『なんか小さくてかわいいやつ』が講談社にて2021年に『ちいかわ』のタイトルで書籍化された。なんか小さくてかわいいやつ＝通称「ちいかわ」たちが繰り広げる、楽しくて、切なくて、ちょっとハードな日々の物語。2022年からフジテレビ系でテレビアニメ化も。

【みちくさコラム】

私のラーメンを伝えたいのではなく、学生と新しいラーメンを作りたい

私が学生を教えないのには理由がある。

たとえばラーメン屋の師匠が弟子に教える場面を考えてみよう。

師匠が秘伝のレシピを事細かく弟子に教えたとしたらどうだろう。

「このラーメンはまだまだだな、70点」「まぁ合格だ80点」と、師匠のラーメンを超えることはない。

しかし、ラーメンの基本や調理の技術だけ教えて、ラーメンの作り方は任せてみる。そうすれば、師匠には思いつかないような具材を使うかも知れないし、まったく違う味のスープを作るかも知れない。

そうなれば、師匠も腕の見せ所だ。いっしょに味見をして、意見を交わし、弟子が失敗したら、いっしょに悩み、いっしょに改善策を考えるのだ。

研究も同じである。

結局、私は私のラーメンを伝えたいのではなく、学生といっしょに新しいラーメンを作りたいのである。

必要以上に私が教えると、私のイメージする100点に対して、90点や80点の研究ができあがる。100点を超えることはなく、ここが足りないとか、ここがまだまだとか減点したくなる。

しかし、私が必要以上に与えずに、学生自身が考えると、私の思いつかないようなアイデアが出てくることもあるし、思いもよらない方向に研究が進むこともある。私が思う枠をはみ出して、120点とか、150点とか、時には200点の研究ができあがってくるのだ。

そんなすごい研究ができる学生を、私の枠の中に収めてしまうことは、私が学生の成長を邪魔していることに他ならない。

「ライス」には米という意味だけでなく、植物のイネという意味もある。

田んぼではイネの背丈を超えて成長する雑草も多い。

学生たちには、「イネ（ライス教授）を超えて成長しろ」と繰り返し言っている。

＊＊＊

もちろん、私に言われるまでもなく、多くの学生はイネを超えて成長してゆく。

そんな学生の成長を見るのが、私は何よりうれしい。そして、成長した学生たちの姿を思い浮かべただけで、最高にブラックコーヒーが美味しいのだ。

＊＊＊

私だけではない。

雑草学を研究する先生方は、学生にあれこれ指導しない傾向にあるように思う。

そして、学生の意志を尊重し、たとえ学生であっても一人前の研究者として認めてくれるところがある。

私の学生時代の恩師もそうだったし、若い頃、学会等でお会いして指導いただいた先生方も、誰もがそんな雰囲気だった。

それは「雑草学」という学問が持つ特徴が関係しているように私は思う。

＊　＊　＊

思い出すのは、私が学生として初めて学会で発表をしたときのことである。

緊張しながら、しどろもどろで発表をしていると、スーツ姿の大人たちが手を動かしているのが壇上から見えた。驚くことに私の発表をメモしているのだ。

まるで学生の私の方が先生で、反対に先生方が学生になってしまったかのようだ。

「おもしろい発表だったね〜」

発表を終えた懇親会では、ある年配の男性が名刺を渡しながら、私に質問をしてきた。

その名刺を見て、驚いた。

私がいつも読んでいる雑草学の教科書を書いた大先生である。まさに有名人だったのだ。

そんな大先生からいただいた名刺は、アイドルのサインくらいうれしかった。

もっともその名刺は、知らない間にどこかへ行ってしまったが、名刺をいただいたときの感激だけは、今でもずっと宝物のまま残っている。

その経験があったので、私は学生を見ると、名刺をばらまいている。私の名刺をもらってもうれしくないことはわかっているのだが、マネをせずにいられないのだ。

しかし、もっと驚いたことがある。

その先生からいただいた質問は、私にとってはとても簡単なことだったのだ。正直に告白すると「大先生なのに、そんなことも知らないのか」と思ったほどだ。

もっとも、考えてみればそれは当たり前のことである。

雑草は日本に生えている主なものだけで５００種以上ある。著名な研究者だからと言って、そのすべての生態を熟知しているわけではない。研究されていない雑草も山ほどある。

一方で、学生は研究テーマの雑草を毎日、観察している。毎日見ているその雑草については、学生の方がくわしいに決まっているのだ。

そのため、雑草学会では、学生の研究をすごく尊重してくれる雰囲気がある。

私が学生の頃は、学会に参加する先生方は、学生たちに「ミスター○○、ミス○○になれ」とおっしゃっていた。○

○には、その学生の研究テーマの雑草名が入る。たとえ学生であっても、その研究の第一人者となれ、ということなのだ。

そして、学生たちが当たり前のように研究発表をするのを、著名な先生方が一生懸命メモしたり、当たり前のように教えを請うたりしている。

私は、そんな雑草学会の雰囲気が、好きである。

そして、あの大先生のように、知ったかぶりをすることなく、素直に学生に質問できる先生であり続けたいと思う。

雑草とは、未だその価値を見出されていない植物である

私が何も言わなくても、井西さんは新たな解決策を見つけてきた。

これは、研究テーマが先生から与えられたものではなく、自分のものになっている証拠だ。そしてその解決策は、私が考えていたこととは、まったく別の方向のものであった。

驚いたことに、井西さんは、もっともっと「ちいかわ」なものを見つけてきたのだ。

タカサゴユリの変種のヒメタカサゴユリである。

踊り子草に対して姫踊り子草、小判草(こばんそう)に対して姫小判草というように、「姫」と名前につく植物は、小さくてかわいい植物が多い。ヒメタカサゴユリもタカサゴユリより小さいことから、「姫」と名付けられているのだ。

ヒメタカサゴユリは、高山地帯に適応したタカサゴユリである。

タカサゴユリの原産地である台湾は亜熱帯地方だが、標高の高いところでは雪も降る。高山地帯の風雪に耐えるために、ヒメタカサゴユリは背が低く進化したのだろう。

井西さんが調査をすると、栽培条件や環境条件にかかわらずヒメタカサゴユリは、安定して「ちいかわ」になることが明らかになった。

人間は好きなものに似るというが、井西さんは自身もちいかわを思わせるような学生である。

しかし、ちいかわに掛ける根性は「ちいかわ」どころではない。真夏のビニールハウスの中でひたすら調査を続け、凍えるような寒さの中で、球根を洗い続けた。

その努力が、ちいかわの神さまに通じたのだろう。

何と、井西さんは育てていたヒメタカサゴユリの中に、目指すような清楚（せいそ）でかわいらしい突然変異株を見出（みいだ）した。そして研究の最後に井西さんは、そのユリに妖精を思わせるかわいらしい名前をつけて、品種登録に出願するところまでこぎつけたのである。

その研究成果を紹介する地元の新聞の見出しは、「ユリの妖精　卓上にメルヘン」。新聞とは思えないかわいらしいタイトルだ。こんなかわいらしいタイトルで紹介された雑草は、今までなかっただろう。

かくして、井西さんは、雑草を「ちいかわ」に仕立ててしまったのだ。


学生が卒業するときに、私は卒業記念品に言葉を入れて贈る。

私は井西さんに、「Like A Lily」と書いた。「ユリのように」という言葉である。

「ユリのように」と言えば、多くの人がイメージするのは「ユリのように咲く」や「ユリのように美しい」という言葉だろう。

しかし、井西さんが研究対象に選んだのは、雑草のユリである。

このユリは逆境に生える「雑草性」を持っているのだ。「あえて花を咲かせない」という戦略さえある。

井西さんは、タカサゴユリの雑草としてのすごさを明らかにした。そして、その雑草性を見事に活用したのだ。

雑草とは雑草性を持つ植物である。これが雑草学の考える雑草だ。


しかし、である。

「雑草とは何か?」という問いに対して、こんな言葉もある。

「雑草とは、未だその価値を見出されていない植物である」

これは学生時代にO先生が教えてくれた、アメリカの思想家エマーソンの言葉だ。

雑草は邪魔者扱いされている。しかし、どんな植物にも価値はある。その価値を見出されていないものが雑草呼ばわりされているとエマーソンは言うのだ。

雑草に価値を見出す研究はやっぱり面白い。

もちろん、雑草だけではない。

まだ、その価値を見出されていないものはたくさんある。

私は窓の外を見た。
もちろん、学生たちもまだ価値を見出されていない存在だ。
みんな、その価値が見出されるといいね。
私は冷め切ったブラックコーヒーを飲み干した。

2

エノコログサ（ネコジャラシ）と職人気質
——細部ばかり見てしまう学生

「ライス先生、またダメでした」

瀬田(せた)くんが、ガッカリした顔で私のところにやってきた。

「そうか、またダメだったか」

私もまた、瀬田くんと同じように、ガッカリした顔をした。

いや、ガッカリしたようなフリをした。

しかし心の底では、そっとほくそ笑んでいたのだ。

学生がうまくいっていないことを喜んでいるのだから、我ながら、なんてひどい先生なんだろう。

職人気質の学生を悩ませたエノコログサをめぐる失敗

研究室では毎年、秋から冬にかけてゼミ旅行に出掛ける。

今年のゼミ旅行は県外の高原地帯に出掛けることとなった。

地元の大学と交流し、４年生は自分の研究を他大学の学生の前で発表する。３年生は他大学の学生と交流しながら、研究のモチベーションを高めたり、自分の研究テーマを決めるヒントを得るのが目的だ。

高原地帯を車で走らせていたとき、富士山のよく見える展望台を見つけて休憩をすることにした。

思い思いに美しい富士山の写真を撮った後で、学生たちは雑草を観察し始めているようだ。

こんなに美しい山の中で、道ばたの雑草を見ているなんて……。

私は微笑（ほほえ）ましく思った。

特に、「先生抜き」で学生たちだけで雑草を観察し始めているのは、とてもうれしい。

そもそも、先生に言われてやるようでは面白いはずがない。「先生抜き」の方が楽しいに決まっているのだ。

そんな学生たちのようすを眺めながら飲むブラックコーヒーは、本当に美味しい。出発前にコンビニで買ったカップのコーヒーは、とっくに冷め切っていたが、私はその風味を楽しんでいた。

すると瀬田くんが、私を呼びに来た。

「先生、何か変わったエノコログサがあるんです」

見ると、道ばたに真っ赤に染まったエノコログサがあった。

「こんなの初めて見ました」

瀬田くんはうれしそうだ。

瀬田くんは、学部3年生。翌年の卒業研究のテーマを決めようと、情報を集めているところだ。

瀬田くんは、とてもセンスが良くて細かいところに気がつく。

細かいところに気がいきすぎて、ときどき全体が見えなくなってしまうところが、玉にキズだが、その精緻な仕事ぶりはまさに職人気質（かたぎ）である。

雑草を見つければ、どんどん細かいところを観察し始める。

「たまには顔を上げて全体を見なよ」と私は言うが、それを言い過ぎて瀬田くんの優れた職人気質が失われてしまうのも怖いから、加減が難しいところだ。

エノコログサは、ネコジャラシの別名で知られた雑草だ。「名も無い草」と言われる雑草だが、

ネコジャラシことエノコログサ。語源はふさふさした穂がイヌの尻尾に似ていることからついた「犬ころ草」に由来する。hamahiro / PIXTA（ピクスタ）

その中ではエノコログサは子どもたちでも知っている知名度バツグンの雑草と言って良いだろう。ごくごくありふれた雑草である。

そのエノコログサには、紫色に染まるムラサキエノコロと呼ばれる種類がある。

ムラサキエノコロは図鑑によっては、別種とされることもあるが、変種であると考えられている。変種というのは、同じエノコログサの中にムラサキエノコロという種類があるという意味である。ムラサキエノコロは赤紫色の色素を持っている変種だ。

シソの中に緑色の青じそと、赤紫色の赤じそという種類があるのと、同じようなものだろうか。

もっとも、これはのちに私の研究室の別の学生が明らかにするのだが、ムラサキエノコロと呼ばれる種類も環境によっては紫色の色素をまったく発色しないことがある。紫色ではないムラサキエノコロは、ふつうのエノコログサと見た目では区別がつかない。

そのため、変種として区別できるほどの違いはないようにも思える。

雑草の中には、同じ種類であっても、色素を持っていて茎が赤紫色になるものと、色素を持たずに緑色になるものが見られることがある。ムラサキエノコロもその程度の違いかも知れない。

雑草にもヒトにも万能な色素=アントシアニン

ムラサキエノコロの色素は、「アントシアニン」と呼ばれる色素である。

アントシアニンは、植物が持つ一般的な色素である。たとえば、赤じその葉の赤い色もアントシアニンである。あるいは、秋になるとカエデの葉が赤く紅葉するのもアントシアニンである。また、ブドウやブルーベリーの皮の色やナスやサツマイモの皮の色もアントシアニンである。さらには、バラなどの花の色もアントシアニンによって作り出される。植物は、アントシアニンをさまざまに利用しているのだ。

もっとも、アントシアニンの役割は、ただ、色づけするだけではない。アントシアニンには、さまざまな役割がある。

たとえば、アントシアニンには抗菌活性があり、病原菌から身を守る効果がある。また、病原菌に攻撃されると植物の細胞は活性酸素を発生するが、その活性酸素を取り除く抗酸化作用もある。アントシアニンが私たち人間の体にも健康効果があると言われるのは、この抗酸化作用があるためである。

さらには、紫外線から細胞を守る効果や、気温が下がったときに細胞が凍るのを防ぐ役割もある。

アントシアニンには、本当にさまざまな役割がある。植物にとっては、とても便利な万能の色素なのだ。

ムラサキエノコロは、このアントシアニンを持っている。それならば、すべてのエノコログサがアントシアニンを持てば良さそうな気がする。

どうして、すべてのエノコログサがムラサキエノコロにならないのだろう。

この理由は明らかではないが、こんな推察はできる。アントシアニンは便利な色素だが、アントシアニンを生産するのにもコストが掛かる。アントシアニンが不要な環境であれば、アントシアニンを持たない方が有利になるし、アントシアニンを生産する分のコストを成長や種子を作ることに回した方が良いという戦略もある。おそらくアントシアニンを持つことが有利かどうかは、環境によって変化するのだ。

実際にムラサキエノコロは、砂地やアスファルトのすき間のような水分が少ない場所や、気温が低い場所など、植物にストレスがある場所で多く見られる傾向がある。おそらくは、アントシアニンを持つムラサキエノコロは、そのような過酷な環境で有利なのだ。


それにしても、瀬田くんが見つけたエノコログサは赤色が濃い。赤紫色というよりは、鮮やかな赤色だ。

紅葉というと、カエデなどの樹木を思い浮かべるかもしれないが、雑草の中にも紅葉するものはある。もちろん、それはアントシアニンの蓄積とクロロフィル（葉緑素）の崩壊によって起こる。

おそらくこの展望台は、標高が高くて、気温が低い。そのため、私たちがふだん目にするムラサキエノコロよりも、赤色が鮮やかなのだろう。

そういえば「草紅葉（くさもみじ）」という言葉もある。

赤いといえば赤いが、大騒ぎして驚くほどの発見ではない……とも思ったが、私はいつもの口癖で瀬田くんに語りかけた。

「面白いねぇ。すごいもの見つけたねぇ」

「すごいねぇ」は私の口癖である。しかし、本心から「すごいなぁ」と思うことが多い。

じつは、身近にある雑草だが、まだまだわかっていないことが多い。

むしろ、ほとんどわかっていないと言っていいだろう。

不思議なことや、人類にとって未知なことは、宇宙の果てや深い海の底にだけあるわけではない。じつは、足下の雑草のことでさえも、ほとんどわかっていないのだ。

それが自然科学の世界である。

学生が雑草を観察すると、さまざまな「?」を見つけてくる。しかし、私はそんな素朴な「?」を見つけられないことがある。それは知識を蓄積してきたことで、「わかった気」になってしまっているからだ。

本当は何もわかっていないのだ。

その点では、知識や経験の少ない学生の方が、不思議なことや面白いことに関する感度は高い。

瀬田くんも、たくさんある雑草の中から、この一株を見つけてきた。それが、面白くないはずはないし、すごくないはずはない。

もし、それを面白いと思えないとしたら、私の感度が鈍っているだけなのだ。

ちなみに「すごいねぇ」は学生たちをその気にさせる魔法の言葉でもあるが、私はいつも「すごいねぇ」を軽々しく連発していて、今日が何曜日か教えてもらっても、「すごいねぇ、しっかりしてるねぇ」と褒めるくらいだから、研究室の学生は教授に「すごい」と言われることくらいは、何とも思っていない。

見たこともないくらい赤いエノコログサ。これには2つの理由が考えられる。ひとつは、もともと遺伝的に赤くなりやすい系統ということ、もうひとつは、本当は他のエノコログサと何ら変わらないのに、標高が高いという特殊な環境で赤くなったということである。

「どっちだと思う?」

私の問いかけに学生たちが考え始めた。何度もエノコログサを見直している。

「同所栽培したら、わかりますかねぇ」

瀬田くんが思いついたようだ。

同所栽培というのは、同じ場所で栽培をしてみる実験である。たとえば、この赤いエノコログサを暖かいところで育てても、普通より赤ければ、それは遺伝的に赤い系統ということになる。しかし、他のエノコログサと同じように育てば、それは環境によって変化していただけということになる。

「同所栽培してみれば、わかるだろうね」

何気なく私が言うと、

「じゃあ、持って帰ってもいいですか」

と瀬田くんが私を見た。

えーっ、こんなの持って帰るの？　しかもゼミ旅行はこれから始まるのに……。

心の中でそう思いながら、「帰りじゃダメ？」と聞いてみたが、「忘れそうなので、今、取ってきます」とあっさり却下されてしまった。

ゼミ旅行の帰りなら、こんなエノコログサのことなど忘れてしまうだろうという私の考えは、見透かされたようだ。

仕方がない。学生の興味を止めるわけにはいかない。私は車に積んであったビニール袋と移植ごてを取りに戻った。

播いても芽が出ない。出なければ実験は始まらない

雑草は環境や地域によって、タイプが異なることがある。これは「変異」と呼ばれている。

エノコログサは特に変異が大きいと言われている。たとえば、海岸に生えるタイプは、背が低く、地面を這(は)うように生えるという特徴がある。この特徴は植え替えて育ててみても変わらない。

つまり、遺伝的にこのような特徴を持っているのだ。そのため、海岸のタイプは、ハマエノコロという変種として扱われている。

瀬田くんは、エノコログサの変異に興味を持ったようだ。

特に標高の違う場所から、エノコログサを採取して、大学内の人工気象室で気温を変えたり、温室で水分条件などを変化させて、アントシアニンの発現量を比較してみることにした。

ゼミ旅行から戻ると、瀬田くんは、さっそく、あちこちを回ってエノコログサの種子を集めた。はりきって、富士山の五合目まで登って、種子を取ってきたほどである。

しかし、である。

その翌年、いよいよ実験が始まると、瀬田くんは思わぬ壁にぶつかることになるのである。エノコログサの種子を播（ま）いても、芽が出ないのだ。

芽が出ないことには、実験が始まらない。

何度、播き直しても、やっぱり芽が出ない。

もちろん瀬田くんは、実験に失敗したわけではない。研究をサボったわけでもない。しかし、研究は思うようにいかないことが起こる。壁にぶち当たることもある。

瀬田くんは、見事にこの壁にぶつかってしまったのだ。

雑草を育てたことのある人は少ない。

多くの人にとって雑草は勝手に生えてくるものであって、育てるものではないだろう。

しかし私たち雑草研は、研究するために雑草を育てる。

そして、意外に思われるかもしれないが、雑草を育てることは、簡単ではない。放っておけば勝手に生えてくる雑草も、いざ育てようとすると意外と難しいのだ。

何しろ、タネを播いても芽が出ない。

水をやっても芽が出ない。どんなに待っても芽が出ない。

そのうち、播いていないはずの別の雑草が芽を出してきたりする。まったく思い通りにならないのだ。

野菜や花のタネは、土に播いて水をやれば芽が出てくるのが当たり前である。

しかし、それは野菜や花が人間のために改良された植物だからだ。人間に育てられる植物は、人間が栽培の時期を決める。だから、人間が播いたら芽を出すというのが、植物と人間との約束事になっているのである。

一方、雑草は違う。

雑草は、発芽するタイミングは自分で決める。雑草にとって、いつ発芽するかは成功を左右する重要な要因である。何しろ発芽のタイミングを間違えれば、それは生死に影響するのだ。

春になる前に芽を出せば寒さで枯れてしまうかもしれない。春になっても安心はできない。いつ草取りをされるかわからないし、除草剤をまかれるかもしれない。そのため、雑草はなかなか芽を出さずにタイミングを計っている。しかも一斉に芽を出すと全滅してしまうから、タイミングをずらしながら、順番に芽を出してくる。

抜いても抜いても次から次へと雑草が生えてくるのは、そのためだ。

瀬田くんの失敗がうれしいわけ

「先生、やっぱりダメみたいです」

瀬田くんは困った顔をしている。

しめしめ、いい感じだぞ……。

私は少しうれしくなった。

「どうしたらいいでしょう?」

子犬のような目で私を見る瀬田くんに、私は言った。

「どうすればいいと思う?」


私は学生の卒業研究では、失敗をして欲しいと思っている。

研究には失敗がつきものである。失敗から新しいことが生まれるということも、よくある話だ。

しかし、よほど余裕がなくなってきたのだろう。現代は失敗が許されない時代である。

それは、研究の世界も同じである。そのため、失敗しないような研究テーマを立てて、失敗しないように研究をする。たとえ研究であっても、大きなチャレンジはやりにくい時代だ。

学生たちも同じである。

卒業して、社会に出れば失敗が許されないことが多い。

しかし、学生時代は違う。学生時代の失敗は許される。

卒業研究も同じだ。卒業研究は学生にとっては一大事なのかもしれないが、私にしてみれば教育の一環でしかない。別に成果が出なかったとしても卒業できないわけではない。卒業研究はチャレンジができるのだ。

若さとは、新しい時代を創るエネルギーである。若い人たちがチャレンジできない時代に、新しい時代など期待できるはずがない。

もちろん、チャレンジには失敗がつきものである。しかし、失敗をすれば、考える。そして、考えて考えて失敗を乗り越えると、そこには自信が生まれることだろう。若い人たちには根拠のない自信が必要である。しかし、経験と失敗を積み重ねることで、それは根拠のある自信となっていくのだ。

誰でも自分の人生を振り返ってみれば、大きく成長したときは、失敗や挫折（ざせつ）をしたときではないだろうか。少なくとも私はそうである。

失敗をすることで人は成長できる。だから失敗が許される卒業研究では、壁にぶつかって欲しいと願っているのである。

学生たちには卒業研究という失敗が許される場所で、「失敗」という貴重な経験をして欲しい。もっとも私の期待とはうらはらに、最近の学生たちはとてもクレバーでスマートなので、ほとんどの学生は失敗を経験することなく、研究を進めていく。壁にぶつかったように見えても、うらやましいほど鮮やかにそれを乗り越える。そして難なく、研究成果を上げていくのだ。


失敗して成長して欲しいというのは古い考え方なのか……。


そんな中、瀬田くんは、卒業研究で壁にぶつかってくれた。

これが、うれしくないはずがない。

瀬田くんは、この壁をどうやって越えてくれるのだろう。


エノコログサは春に芽を出して、夏に穂を出す。

しかし、これまで芽を出したのはわずかな個体だった。

季節は、もう秋である。学生に、失敗して欲しいとは思っているものの、計画した実験ができるタイムリミットは迫ってくる。

今からでも、テーマを変えてもいいかもな。

私は、内心ではそう思っていた。

わずかに芽生えたエノコログサで、何かできることはないだろうか？


卒業研究は学生にとっては一大事だが、私からしてみれば大したことはない遊びのようなものである。簡単な実験を組み直せば、何とかなるはずである。

しかし、瀬田くんは、私のようにずるいことは考えない。何しろ、瀬田くんは、手を抜くことを知らない職人気質の学生である。


こんなエピソードがある。

あるとき、夜の10時過ぎに携帯電話が鳴ったことがある。発信元は瀬田くんだ。

私は、焦った。

学生との連絡は、通常はメールやラインを使っている。急ぎの連絡でもラインで連絡があるのが普通だ。学生から直接、電話が掛かってくることなど、ほとんど経験がない。

いったい何があったのだろう。瀬田くんの身に何か緊急事態が起こったのだろうか？　あるいは機械に深刻なトラブルがあったのだろうか？

ドキドキしながら電話に出ると瀬田くんの声がした。

「先生！」

「どうしたの？」

「先生の好きなジブリのキャラクターは誰ですか？」

「えっ？」

私は拍子抜けしてしまった。

「それって、緊急の用事？」

聞けば、下級生向けの研究室の紹介スライドを作っているらしい。そこに、私も含めたメンバーの好きなジブリキャラクターを載せることを思いついたらしいのだ。

卒業研究も大変なのに、他の学生に任せれば良さそうなものだ……。

しかも、発表は翌日である。こんなギリギリにそんなことしなくても良さそうな気もするが、瀬田くんは、思いついたらやりきらないと気が済まない職人なのだ。

色々と言おうかと思ったが、しばらく考えてから私は瀬田くんにこう言った。

「ユパさまでお願いします」


現代は効率の時代である。

時間と手間ひまを掛けて良いものを作り上げるよりも、スピードと効率が求められる。そして、じっくり時間を掛ける人よりも、上手に手を抜ける人が、仕事ができる人と褒められるのだ。

しかし、だからこそ、瀬田くんのように手を抜かない学生は、貴重である。

私はどちらかというと、スピードと効率で仕事をしてしまう人間である。

瀬田くんはもう少し手を抜くことを覚えるといいけれど、と思うことも多いが、私は自分にはない瀬田くんの職人気質を、とても尊重していた。

雑草は〝小さく育って早く咲く〟

職人気質の瀬田くんの卒論を、どう仕立てようか……。

いつものようにブラックコーヒーを飲みながら、そんなことをぼんやり考えていると、瀬田くんがやってきた。

「どうしようか？　何かいいアイデア思いついた？」

「先生、モデル実験植物のように小さく育ててみようと思うのですが、どうでしょうか」

「なるほど！」

私はうなずいた。

もう大きく育てている時間がないから、小さく育ててしまおう、というのである。

もともとの計画では、ガラス温室の中でエノコログサを育てるつもりであった。しかし、もし、小さく育てることができれば、恒温庫という、温室に比べてサイズの小さい、冷蔵庫くらいの装置の中で育てることができる。恒温庫であれば、外は寒くなっても、夏の気温を再現して栽培することができる。

モデル実験植物とは、実験などに使う植物のことである。まずモデル実験植物で、さまざまな知見が解明され、その上で他の植物に応用されていくのだ。

動物でいえば、まずはマウス（ハツカネズミ）で最初の実験を行うのと同じである。

モデル実験植物は、実験室の中で栽培をする。ときには、試験管の中などで栽培することもある。そのため、小さく育って早く花が咲く特徴を持つことが求められる。

じつは雑草は、小さく育って早く咲くという特徴を持っているものが多い。そのため、モデル実験植物として利用されている植物は、もともと雑草だったものが多いのだ。

実際に、もっとも利用されているモデル植物は、シロイヌナズナという植物だが、これももとは雑草である。

雑草からすれば、ずいぶん出世したものである。

瀬田くんは、エノコログサもモデル実験植物としての利用が期待されているという事実を見つけてきた。エノコログサは30～60センチくらいの大きさだが、小さいと10センチ程度の大きさで穂をつける。瀬田くんもモデル実験植物のように、実験室内でエノコログサを栽培しようと考えているようだ。

もっともエノコログサがモデル植物として期待されているのは、小さく育つからだけではない。じつは、エノコログサは特殊な光合成をすることが知られているのだ。

【みちくさコラム】

光合成のジレンマ

ここでちょっと寄り道して、エノコログサが持つ特殊な光合成について説明しよう。

＊　＊　＊

エノコログサは「C_4型光合成」を行うことが知られている。

「C_4型光合成」を行う植物は、一般にC_4植物と呼ばれている。エノコログサはC_4植物なのだ。

C_4植物は、通常の光合成の前段階に「C_4回路」という特別なシステムを持っている。

「C_4回路」を説明する前に、まずは、一般的な光合成の仕組みをおさらいしてみよう。

光合成は、二酸化炭素と水を材料として、糖を作り出す生産工場のような作業である。そして、この生産過程で太陽の光をエネルギーとして利用するのである。

植物の光合成というと、「二酸化酸素を吸って酸素を出す」というイメージがあるかもしれないが、実際はそうではない。光合成はあくまでも生命活動のエネルギーとなる糖を作り出す作業である。酸素は、工場から出される廃棄物のような存在である。つまり、酸素はゴミとして排出されているのである。

糖を作る生産工場にとって原料となるのが、二酸化炭素である。

植物の葉には気孔という空気の出入り口があって、二酸化炭素がそこから取り込まれる。

人間の肺も同じだが、肺の中に空気をいっぱい吸い込んでも、血液中に取り込める酸素の量は限られている。せっかく酸素を肺に吸い込んでも、そのほとんどは、吐く息といっしょに排出されてしまうのだ。

植物の光合成も同じである。気孔を開いて二酸化炭素を取り込んでも、光合成に使われる二酸化炭素は限られる。

しかも、夏の暑い日に気孔を開きっぱなしにしておくと、貴重な水分が水蒸気として逃げていってしまう。そのため、気孔を閉じて水分が逃げるのを防がなければならないのだ。

夏の暑い日は太陽の光が強く、気温も高い。そんな日は、光合成の工場はフル稼働で動く。しかし、材料となる二酸化炭素がなければ工場を動かすことはできない。そうかといって、気孔を開けば、水分が逃げていってしまう。

気孔を開きたいが開けない。夏の季節に、植物の光合成はこんなジレンマを抱えているのだ。

＊　＊　＊

この光合成のジレンマを解消するために、C_4植物は、「C_4回路」を持っている。

「C_4回路」は気孔が開いたときに、一気に二酸化炭素を取り込む。そして、二酸化炭素を濃縮して、光合成の工場に送り込むのだ。

夏の強い日差しと高温で、生産工場の能力は高まっている。そこに、効率良く材料を送り込んで、光合成の効率を高めるのである。

二酸化炭素を効率良く取り込むことができるから、気孔を開くのは最低限の回数でいい。そのため、C_4植物は、乾燥に強いという強みを持っている。

車のターボエンジンは、「ターボチャージャー」と呼ばれる装置で空気を圧縮し、大量の空気をエンジンに送り込むことで、ガソリンを一気に燃焼させる。

光合成にとって二酸化炭素は材料そのものだが、圧縮して一気に送り込むことで爆発的に効率を高めるという点では、C_4回路もターボエンジンも同じ仕組みである。

＊＊＊

授業でC_4植物の説明をしたときのことだ。

授業では最後にコメントペーパーという紙に、授業の感想や疑問点を書いてもらうことにしている。

「C_4植物ってすごい」「C_4植物は最強ですね」

そんなコメントが多い中に、「そんなに優れているなら、どうして他の植物は、C_4回路を持つような進化をしなかったのでしょうか?」という質問があった。

鋭いなぁ。

先生の言うことを鵜呑み（うの）にせずに、「どうして?」と自分の頭で考えることができる学生に出会えると、本当にうれしい。

100人分のコメントペーパーを読むことは、けっして楽な作業ではないが、こういう感想に出会うと授業をやっていて良かったなぁと思う。

実際に、C_4植物と呼ばれる植物は限られている。

どうして、他の植物はC_4回路を持たないのだろう。

＊＊＊

C_4回路は、材料となる二酸化炭素を濃縮するシステムである。材料が豊富にあるから、太陽エネルギーが豊富にあれば、一気に工場の生産性を上げることができる。

しかし、太陽エネルギーがいつも豊富にあるとは限らない。日が当たらない日陰の環境もある。あるいは、真夏を過ぎれば太陽の光は弱くなる。また、気温も低くなってくる。すると生産工場の稼働能力もまた低下してしまうのだ。

C_4回路が二酸化炭素を濃縮して、大量に送り込んでも、生産工場が動かないのでは意味をなさない。

それだけではない。

じつは、二酸化炭素を濃縮する、C_4回路という前工程も、エネルギーを必要とする。ただでさえエネルギーが足りないのに、余計なエネルギーを浪費してしまうのだ。

そのためC_4植物は、太陽エネルギーの強い熱帯のような環境では力を発揮するものの、日本のような温帯の環境では、必ずしも優位性を発揮しないのである。

何でもやみくもに進化すれば良い、というものではない。進化することにさえも、メリットとデメリットが存在するのである。

＊　＊　＊

エノコログサは温帯域に分布するC_4植物である。

C_4植物は、二酸化炭素を濃縮した後で、光合成を行う。この二酸化炭素濃度を維持するために、葉の内部の深いところで光合成を行う必要がある。

そのため、エノコログサの葉を見ると、葉の中央部分の緑が濃くなっている。

一方、C_3植物は、二酸化炭素を取り込むために、葉の表面で光合成を行う。そのため、葉の中央部分は緑色が薄くなっている。たとえば、同じイネ科でもイネやススキなどのC_3植物は、葉の中央部分が白く見える。

C_4植物は、雑草だけではない。

私たちがよく知る作物の中にもC_4植物がある。代表的なものがトウモロコシである。

日本ではトウモロコシというと、焼きトウモロコシとして食べられるスイートコーンを思い浮かべるくらいだが、じつはトウモロコシは世界でもっとも重要な作物のひとつである。何しろ世界でもっとも多く栽培されているのは、イネでもコムギでもなく、トウモロコシなのだ。

トウモロコシは栄養価が高いので、ウシやブタ、ニワトリなどの家畜の餌となる。それだけではない。トウモロコシの粒からは、でんぷんや油、糖などが抽出され、ありとあらゆる加工食品の原料となる。工業用の糊(のり)や、生分解性プラスチックもトウモロコシから作られるし、最近ではバイオエタノールの原料にもなる。

今や世界はトウモロコシなしでは成り立たないほど、トウモロコシは重要な作物なのだ。

そのトウモロコシは、C_4回路を持つC_4植物である。ところがトウモロコシは数メートルにもなる巨大な植物である。そのため、実験室の中で栽培して試験を行うことが難しい。

そこで、同じC_4植物であるエノコログサが、C_4植物を研究するモデル植物として注目されているのである。

3

先生！　種子の表面がお風呂の床です
——細部ばかり見て得た大発見

ずいぶん長い寄り道になってしまったが、瀬田くんがエノコログサをモデル実験植物のように小さく育てようとした着眼点がいかに的を射ていたか、が伝わっただろうか。なぜ私がこのアイデアを聞いたとき、「なるほど！」とうなずいてしまったか、をご理解いただけただろうか。

瀬田くんは、エノコログサをモデル実験植物のように小さく育てることによって、短期間でデータを集めようと考えた。

しかし、あいもかわらずエノコログサは芽を出してくれない。

いくら着眼点が良くても、芽を出してくれないことには意味がない。いくつかは発芽してくるが、思うように数がそろわないせいで、瀬田くんは実験を進められずにいた。

……どうしたら、いいのだろう。

私も少々、焦りが出てきた。こんなときは、ブラックコーヒーを飲もう。

そのうち、瀬田くんが論文を集めていると、エノコログサをモデル実験植物として用いるためには、克服すべき問題があることが明らかになった。

それが、「思うように芽が出ない原因」だったのだ。


何のことはない。瀬田くんだけではなく、世界中の研究者が、エノコログサのタネが芽を出さないことに困っていた。

エノコログサは、どこにでも生えている見慣れた雑草である。その雑草のタネの芽を出させることがそんなに大変だとは私は思いもよらなかったし、まさかそれが世界中の研究者を悩ませる問題になっていることも恥ずかしながら知らなかった。


それにしても、どうしてかたくなに芽を出さないのだろう?


瀬田くんとディスカッションをしていたときのことである。

何を思ったのだろう。瀬田くんがふとつぶやいた。

「電子顕微鏡で種子を見てみたいです」

「えっ、どういうこと?」

電子顕微鏡とは、通常の顕微鏡よりもさらに微細なものを観察することができる装置である。

とはいえ、それはあくまでも顕微鏡である。電子顕微鏡で観察したからと言って、何かがわかるとは思えない。

正直言うと、私には、あまり意味があることとは思えなかった。

「電子顕微鏡は、魔法の箱じゃないんだよ」

私は冷たく言った。

もちろん瀬田くんにしてみても、何か深い考えがあるわけでもなかったようだ。もうできそうな手立ては少ない。「藁にもすがる」とは、こういうことを言うのだろう。

しかし、瀬田くんがそれでも見たいというので、「とりあえず見てみる?」と電子顕微鏡を使わせてみることにした。

すると、である。

瀬田くんは、驚くべき発見を私のところに持ってきたのだ。

「先生、種子の表面がお風呂の床みたいになっているんです」

「えっ、どういうこと?」

見ると、種子の表面に細かい凹凸がある。

確かに瀬田くんがいうように、お風呂の床のようだ。

お風呂の床には水が乾きやすいように、凹凸がある。もしかすると、エノコログサの種子の凹凸もお風呂の床の凹凸のように、水に濡れにくい役割をしているのではないだろうか。

植物の中には、濡れにくい構造をしているものがある。

たとえば、植物の葉がそうだ。

表面に水滴が残ると、その水の中で病原菌が増殖し、そこを拠点にして、植物の体内に侵入する。そのため、植物の葉の表面は水に濡れにくいようになっている。一般的には葉の表面にはクチクラというワックスを含む層があり、水をはじく仕組みがある。

有名なものが「ロータス構造」だろう。ロータスとは、ハスのことである。

ハスの葉の上に、水玉がコロコロと転がっているようすをよく見かける。ハスの葉は撥水性があるため、葉が濡れることなく、はじかれた水がきれいな水玉を作るのである。

このハスの葉の表面を電子顕微鏡で見ると、細かい突起が無数にある。水は、表面張力によって水玉を作るが、この突起は水玉よりもずっと細かいので、水玉は突起の上に形成される。そのため、葉の表面は濡れることがなく、水玉は突起の上を転がり続けるのだ。

微細な無数の突起で水をはじくというロータス構造は、現在では、傘の表面やヨーグルトのフタの裏などに応用されている。

ヨーグルトのフタをめくると、フタの裏にヨーグルトがべったりと付いている。そのヨーグルトをペロッと舐めるのが、ヨーグルトを食べるときの私のささやかな楽しみである。

しかし、最近ではフタをめくっても、ヨーグルトがまったく付いていないことも多い。それは、ヨーグルトのフタにロータス構造が採用されているからなのだ。

リスク分散のためにあえて発芽を遅らせる

瀬田くんが調べてみると、エノコログサの種子は二層構造になっていて、種子を包む内皮と外皮の両方にお風呂の床のような凹凸構造が見られた。

これだけ厳重に守られていれば、エノコログサの種子は濡れることがなく、水を吸収することができない。

これでは、芽が出ないはずだ。

種子が吸水できないような仕組みを持っていることを奇妙に感じるかもしれないが、そうではない。この構造はやがて壊れていくことだろう。そして凹凸構造が壊れることで種子は水を吸収し、発芽できるようになるのである。

つまり、この構造は種子の発芽を遅らせるための仕掛けなのだ。

エノコログサの種子は秋に地面の上に散布される。しかし、すぐに芽を出したのでは、寒い冬が来てしまう。そのため、少なくとも冬が過ぎるまでは、雨が降ろうと、暖かい日があろうと、芽を出さずに春を待たなければならないのだ。

しかも雑草は、一斉に芽を出すと全滅してしまう危険性があるから、発芽の時期をずらしてリスク分散する必要がある。

種子の凹凸によって水をはじき、その凹凸が壊れることによって芽が出るようになるという仕組みは、種子にとっては非常にシンプルである。しかも、その構造を種子ごとに少し変化させれば、発芽のタイミングをばらつかせることができるかもしれない。

それでは、この構造を人為的に壊したらどうなるだろう。芽は出るのだろうか？

瀬田くんは、それを確かめることになった。

その結果、どうだろう。

種皮を取り除いたり、紙やすりで種皮の構造を破壊してみると、エノコログサの種子が芽を出したのだ。

まさに予想したとおりである。

瀬田くんの喜びといったらなかった。

10～20パーセントという高くない発芽率ではあったが、まったく芽を出さなかったのに比べると、天と地ほどの差である。

瀬田くんは、この結果を卒業論文としてまとめることになった。

当初、目論んでいた内容の実験は果たせなかったが、大発見である。

ところが、何とかデータをまとめて、私がホッとしたのもつかの間、この大発見の直後に事件が起きた。

瀬田くんが研究室に姿を見せなくなってしまったのだ。みんなが集まるゼミの時間にさえ、研究室に来ない。


……どうしたのだろう?

メールを打っても、何の返信もない。

「瀬田くん、最近見かけた?」

他の学生に聞いてみたが、誰も見ていないと言う。

実家に帰っているのだろうか。

そうは思ったものの、卒業論文の提出の〆切は近づいてくる。

実家に電話してみようかと思ったが、ふみとどまった。

もし、実家に電話して、瀬田くんがいなかったら、どうなるだろう。瀬田くんと連絡が取れないことを保護者の方が知ったら、大ごとになる。

もしかしたら、私からの連絡を嫌って無視しているのかも知れない。

「ちょっと、瀬田くんにライン打ってみてくれない?」

私は最後の望みを託して他の学生に頼んでみた。しかし、その望みは簡単に打ち砕かれた。

「私たちもラインしているんですけど、全然、既読にならないんです」

これは、ヤバい。

今どきの学生の「ヤバい」は、かわいい、美味しい、美しいという良い意味だが、私の世代の「ヤバい」は、本当に「ヤバい」である。

連絡の取れなくなった学生が、下宿で亡くなっていたというニュースはときどき耳にする。瀬田くんも下宿でひとり暮らしだ。

万が一、そんなことがあったとしたら、保護者の方にどう説明をすれば良いのだろう。

夕暮れが迫る中、色々と思いを巡らせながら教員室の外に出ると、電気もつけない暗い廊下に瀬田くんが立っていた。精力を使い果たしたように、顔面蒼白（そうはく）で立っている。

私は、下宿で命を落とした瀬田くんが化けて出てきたのかと思ったほどだ。

「どうしたの？　大丈夫？　今までどこにいたの？」

聞けば、まるで修験者が山にこもるように、外部との連絡をすべて絶って、部屋にこもって卒業論文を書いていたらしい。下級生向けの研究室紹介のスライドや小学生向けの資料でさえも、手を抜かずに時間を掛ける瀬田くんである。

いったい、どれほど根を詰めて卒業論文を書いてきたのだろう。

まさに、職人仕事である。

「先生の指導を受けない方が良い卒論が書ける」

瀬田くんが精魂を使い果たして書き上げた「魂の卒論」に、私がとやかく言えるはずもない。

そもそも、提出の〆切もギリギリで、私が指導をする十分な時間もない。

瀬田くんの卒業論文は、私の指導をほとんど受けないまま大学に提出することになった。


ところが、である。

その卒業論文が、優秀作として大学から表彰を受けることになったから、私はまったく立つ瀬がない。

隙があれば手を抜こうとする教授の悪影響を受けなかった職人仕事である。きちんとした職人仕事は、見る人が見れば、ちゃんと評価されるものなのだ。

その翌年、研究室の後輩たちの間では「先生の指導を受けない方が良い卒論が書ける」という話が、もっぱらの噂（うわさ）になっていた。

「瀬田くんは特別だからね」と私は全否定していたが、その翌年も、私の指導をほとんど受けていない学生の卒業論文が表彰を受けたから私としてはたまらない。私がどんなに否定したところで、どうやら、学生たちの噂は信憑性が高そうだ。

あーっ、熱いコーヒーが飲みたい。

私は大きくため息をつくと、冷め切ったブラックコーヒーを飲み干した。

4

コミカンソウの苦い思い出
――名も無き草だからこそ観察したくなる

その場所は「関係者以外立ち入り禁止」と書かれた場所である。

そこは誰もが一度は入ったことのある場所である。誰もが一度は関係者だったのだ。

しかし、一度、かかわりを失うと、もうその場所は「立ち入り禁止」の場所である。

幸運なことに、私は、思いがけず、その場所を調査することになった。

そのきっかけとなったのが、瓜成（うりなり）さんの思いがけない一言である。

「ライス先生、私、本当はやりたいことがあるんです！」

私の知る先生で、「北朝鮮と韓国の間の北緯三十八度の軍事境界線の中の植物を調査したことがある」と思い出話を話して下さる方がいた。もちろん、立ち入り禁止の場所である。銃を持った韓国軍兵士の監視の下で、植物を採集したらしい。少しでもモタモタしていると、兵士にせっつかれて大変だった、と自慢げに言っていた。

一方、私が調査する「立ち入り禁止の場所」は、それとはかなり趣が異なる。

私が調査する場所は、誰もが通っていた「小学校」なのだ。

小学校は、本来は地域に開かれた場所である。しかし、不審者が侵入して、児童を傷つけるような陰惨な事件が多発すると、学校も自衛のために校門を閉ざさざるを得なくなった。そして、「関係者以外立ち入り禁止」の場所となったのである。

そんな小学校に立ち入るきっかけを与えてくれたのが、瓜成さんだ。

「私、本当はやりたいことがあるんです！」

雑相タイムで瓜成さんは元気よく切り出した。

「やりたいことがあるのはいいね。この研究室でやりたいことがあったら何でもやっていいよ」

「先生はそう言ってくれると思っていました！」

「それで、何がやりたいの？」

「私、食育に興味があります」

「………」

瓜成さんの唐突な一言に私は面食らった。

「瓜成さん、何やってもいいと言ったけど、ここは雑草学の研究室だよ」

「でも先生は、以前に食育やってましたよね」

「えーっ！　何で知っているの？」

じつは私は農業技術者だった若かりし頃、休日を利用して「一般の消費者や子どもたちを農村に連れて行って体験をする」という活動を行っていた。今でいうと「食農教育」と呼ばれるものだろうか。現在では、そのような体験活動は全国各地で広く行われているが、当時はまだ、「食育」や「田んぼの学校」という言葉もなかった時代である。田植え体験のような仕事体験や観光農園の果物の収穫体験のようなものはあったものの、農家や農村を訪ねて自然を学んだり、農業から自然と人との関係を学んだり、命を感じるような体験活動をするという試みは、まだ珍しかった。そのため、私の活動は、先進的な取り組みとして持ち上げられて表彰を受けたり、各地に講師に呼ばれたりしていたのである。

これまで私は100冊以上の本を上梓（じょうし）してきたが、じつは最初に書いた記念すべき本は農業体験の本である。

もっとも、それは瓜成さんがこの世に生まれたか生まれていないかくらいの昔の話である。

瓜成さんは、よくそんな私の過去を知っていたものだ。

「えーっ、本当に食育やりたくて、雑草研に来たの？」

「はい！」

瓜成さんは、きっぱりそう返事をした。

とはいえ、一応、雑草の研究室だしなぁ……。

あまりに沈黙しているわけにもいかないので、困った挙げ句、私はほんの思いつきを口にしてみた。

「それなら、校庭の雑草を調べてみたらどう？」

食農教育に取り組んでいたとき、私は大学の教育学部の先生や小中学校の先生方と出会う機会が多く、いっしょに食育のプログラムを作ってきた。そのとき、私たち農業関係者の持つ農業の知識と、教育関係の方々が持つ教育の知識を掛け合わせることで、面白いことができることを体感していたのである。

学校の校庭には雑草がある。もしかすると、学校の先生方とコラボレーションすれば、何か面白いことができるかも知れない。何となく、そう思ったのだ。

野菜や作物のように、校庭の雑草を教材にしたら、面白いのではないか、と私は思いつくままに校庭の雑草が教材対象となりうる可能性について力説した。

「校庭の雑草、面白そうです。やってみたいです」

瓜成さんの反応は、屈託のない感じだ。

まぁ、何とかごまかせたようだ。食育だけはやらずにすみそうだ。

私は胸をなで下ろした。

それにしても、校庭の雑草なんて研究になるんだろうか……。

10種わかれば雑草博士!?

何ができるかは、まるで見当がつかなかったが、さっそく、知っている学校の先生方の勉強会の場を借りて、校庭の雑草を私たちといっしょに調査してみませんかと提案してみることにした。

校庭の雑草の優れたところは、いくつかある。

ひとつ目は、身近にあるということである。

雑草は学校の中に当たり前にある。校外に出掛けなくても観察できる。いつでも気軽に観察することができるのである。

また、森のような環境では触ってはいけないような危険な植物もあるが、一般的な校庭であれば、そのような危険な植物はない。

2つ目は、抜いても怒られないということである。ふつうであれば観察できない根っこも観察し放題だ。むしろ、子どもたちに全部、抜いて欲しいくらいだ。

そして、3つ目は準備がいらないということだ。理科の教科書で紹介されている植物を観察するためには、その植物を育てなければならない。しかし、校庭に出ればいつも雑草はある。しかもさまざまな環境で、さまざまな成長過程で生えているのである。

このように、雑草は教材として、優れているのだ。

しかし、教材に向いている、面白そうとは思いつつも、先生たちの反応は今ひとつである。

「授業で扱おうとしても、校庭の雑草って区別がつかないんですよね」

「生徒に質問されても答えられないし……」

そこで私は言った。

「雑草って、意外と種類が少ないんですよ」

「どれくらい覚えればいいんですか？」

「そうですね。校庭だったら、20～30種覚えれば、主なものはほとんどわかります」

そして、私はあのひとことを口にしてしまったのだ。

「場所さえ決めてしまえば、10種わかれば雑草博士ですよ」

「10種⁉」

今まで反応の薄かった先生方が色めき立ったのが、わかった。

10種くらいなら覚えられる、そうすれば授業で使える、という反応が、先生方の体からあふれ出ているのがわかったのだ。

学校の先生というのは、本当にすごい人たちだなぁと思う。

常にこうやって子どもたちのことや授業のことを考えている。勤務時間だけでも忙しいのに、時間外に勉強会を開いて、日々、授業の技術を高め合ったりしている。それどころか、雑草という未知の教材に対しても、これだけの好奇心と情熱を持つことができるのだ。

そういえば、よくよく考えてみれば、大学教授である私自身も学校の先生だ。しかし、大学の先生は偉そうにはしているが、教員免許を持たない「無免許教師」である。しかも、その仕事は「研究と教育」だから、学生の教育がうまくいかなかったとしても「研究が忙しかったしね」と言い訳ができるのである。

それに比べて、小学校から高校までの先生方の教育に対するまっすぐさには頭が下がる。もちろん、すべての先生がそうというわけではないかもしれないが、教育に熱い情熱を持っていらっしゃる先生は、この国には少なからずいることを私は知っている。


「10種わかれば雑草博士ですよ」

私の言葉に、先生方は即座に反応した。

「その10種って何ですか？」

しかし、私は返答に困ってしまった。

私は校庭の雑草のことを知っていて、そう言ったわけではない。だいたい、どの場所でもそうだから、適当にそう言っただけなのだ。

じつは、雑草と呼ばれる植物は限られている。

雑草が生える場所は道ばたや畑など人間が作り出した環境である。そのため、野生の植物にとってはかなり特殊な場所なのだ。

その特殊な場所に生えるためには、特殊な性質が必要となる。その性質は「雑草性」と呼ばれている。雑草性を持つ植物だけが、雑草になることができる。

言わば、雑草というのは選ばれた存在なのだ。

とはいえ、その雑草も、どんな場所にでも生えることができるわけではない。

道ばたのような踏まれる環境には、踏まれるのに強い雑草が生える。耕される畑では、耕されるのに強い雑草が生える。それぞれ生える場所が決まっているのである。

そのため、場所を区切れば、生えている雑草の種類も限られる。

この公園のこの芝生、この川のこの土手、というようにしぼり込めば、生えている種類は、主なものは20〜30種程度である。細かく調査してもその程度だから、たくさん生えていて目立つものや、花が咲いていて子どもたちの目が向くものを挙げれば、10種程度である。どんな場所でも、そんな感じだから、校庭でもその程度だろうと思って、そう答えただけなのだ。

しかし、先生方はそのあいまいな私の返事を許さない。

「10種って何ですか？」

「ぜひ、その10種を教えてください」

かくして、私と瓜成さんは、校庭の雑草を調査することになったのだ。

じつは、校庭はさまざまな雑草が見られる場所であるとされている。

校庭の雑草は主なものだけでも２００種あると報告されている。校庭というのは、じつに植物の豊富な場所なのだ。

しかし、２００種もあって心がときめくのは、植物が好きな先生だけである。植物にくわしくない先生にとっては、２００種もあるというのは苦痛でしかない。植物の名前がわからないからだ。

私だって雑草の名前はそこそこ知っている方だが（一応、〝教授〟だし〝博士〟だし）、「ポケモンの種類を全部覚えろ」と学生から課題を出されたら、「どうやって覚えれば良いのか……」と途方に暮れてしまうだろう。

雑草の種類が多いことは、とても魅力的なことではあるが、一方で、教材としての利用を難しくしていたのだ。

特に最近では、「自然経験の少ない若い先生は、植物の名前を知らない」という論調さえある。こんな言い方をされれば、若い先生は、わざわざ校庭の自然に目を向けようとは思わないだろう。

しかし、「10種わかれば雑草博士です」と不用意に私が言ったとき、若い先生方の表情が一変したのを私は忘れない。先生方は、校庭の自然を子どもたちの授業に使いたがっている。しかし、使い方がわからないのだ。

調査したのは三都県の21校である。

しかも、都心のど真ん中にあるような都会の学校から、地方都市の市街地の学校、山間地の学校まで、できるだけ立地の異なる学校を選んだ。

学校の選定や、学校内での調査については、先生方の協力をいただいたことは言うまでもない。何しろ学校は私たち部外者にとっては、「立ち入り禁止」の場所なのである。


その結果、どうだっただろうか？

始めに結論を言っておこう。

「10種わかれば雑草博士」は真実であった。

私はホッとした。

もっとも、「10種わかれば雑草博士」には条件がある。

「季節は春」、そして「場所を学校の花壇とグランドにしぼる」ということだ。

季節は春、そして観察する場所を花壇とグランドにしぼれば、生えている雑草は限られている。

しかも、その7割以上は、この10種で占められているのだ。

もちろん、これは三都県だけの調査結果だから、北海道や東北のような寒い地方や、九州・沖縄のような暖かい地方のように、地域が変われば、10種の内容に多少の違いは出るかも知れない。

しかし、限られた雑草の名前さえ覚えて識別できれば、〝ほとんどわかる〟という事実に間違いはないだろう。

校庭の自然を観察することは、教科書でも春の時期に設定されているから、春の雑草がわかれば授業で活用してもらえる。

じつは夏の雑草も、10種覚えれば、生えている雑草の7割以上はわかる。

ただ、夏になると花の目立たないイネ科やカヤツリグサ科の雑草が増える。子どもたちにとっては、「草」でしかない存在だ。そんな草に子どもたちが興味を持つとも思えないし、それを得意になって説明しても、子どもたちにドン引きされそうである。

夏の雑草は、10種覚えると「雑草博士」を通り越して、「雑草マニア」になってしまうのだ。

教えたいのは、雑草の名前じゃない

雑草種のリストを作っているときに、瓜成さんが話しかけてきた。

「でも、そもそも名前がわからないと教材として使えないものですかね？」

「どういうこと？」

「私が子どもたちに教えたいのは、雑草の名前じゃないんです。雑草って面白いなぁと思ってもらいたいんです」

確かに、そうだ。

私たちの研究室は、植物を分類する研究室ではない。

研究をするために植物を分類して識別することは必要だけれど、その上で、雑草の生態を研究している。そして、「雑草ってすごいなぁ」と、雑草の生態に驚かされたり、感動したりしているのだ。

私は、苦い経験を思い出した。

私がまだ学生の頃、子どもたちと自然観察をしたときのことである。

子どもたちが、葉っぱについた不思議なものを持ってきた。

「これ何ですか？」

見ると葉っぱの先に糸がついていて、糸の先にしましま模様をした小さな楕円(だえん)形の何かがついている。

植物の種子のようにも見えるし、虫の卵のようにも見える、不思議なものである。

ところが、である。

じつは、私はその名前を知っていたのだ。そして、得意そうにこう答えたのである。

「それはね、ホウネンタワラチビアメバチのまゆだよ」

これはハチのまゆである。このハチは害虫に卵を産み付けて害虫をやっつける、寄生バチである。そのため、米俵の形をしたこのまゆが見つかると、害虫がいなくなって豊作になる。ホウネンタワラは漢字で書くと「豊年俵」になる。

私は、ここまで一気に博識を披露した。

「お兄さんすごい！」——私は子どもたちにそう称賛されることを確信していた。

ところが、子どもたちの反応は、期待とまったく違うものであった。

私が話をし終わるとき、興奮して豊年俵を持ってきた子どもたちの目の輝きは、すっかり失われていたのである。

そして「ふーん」とだけ言うと、みんなどこかへ行ってしまったのだ。

私は、何か悪いことをしたのだろうか？

「これ何？」と聞かれたから、その名前を教えただけである。何がいけなかったというのだろう。

「これ何？」と聞いてきた子どもたちは、名前を知りたかったのでは、なかったのだろうか。

私は、どう答えれば良かったのだろう。

コミカンソウの花はなぜ下向きに咲くのか

そういえば、学生の頃、博物館の植物観察会に参加すると、参加した大人たちの多くは、「これ何ですか？」と学芸員の先生に聞いていた。そして学芸員が答えた植物の名前を次々と手帳に書いていったのである。

一方、私たち学生は、知らない植物があると観察したり、写真を撮ったり、図鑑の記載を確認したり、漫画雑誌にはさんで簡易な押し葉を作ったりしていたのである。名前を知ったり覚えるだけでは面白くなかったのである。だから、名前だけを羅列した手帳を後から見返して、覚えているものなのだろうか、と不思議に思ったものである。

植物の観察会は、「植物の名前を聞く会」になりがちである。

たとえ、それで植物の名前を覚えたとしても、「植物の名前を覚える会」で終わってしまう。

子どもがハチのまゆを持ってきたあのとき、どう答えれば良かったのか——

その答えの糸口は、意外なところからやってきた。

瓜成さんを含む、研究室に分属したばかりの3年生と、雑草を探しに歩いていたときだ。みな、雑草について覚えようと懸命だ。いっしょに歩いていても、次々と私に質問してくる。

「これ何ですか？」

急に、ある学生が道ばたに座り込んで、ある雑草を見始めた。

えっ、いきなりこんなところで？　早く研究室に戻ろうよ……。

そう思っていると、やはり聞いてきた。

「これ何ですか？」

見れば、それは遠くから見ても識別できるような種類の雑草だった。

「あっ、それ？　それはコミカンソウだよ」

「あ、オジギソウかと思ったけど、違うんですね……確かにさわっても葉っぱ閉じないですね」

いやいやオジギソウはマメ科だし、コミカンソウはコミカンソウ科だし、葉っぱが閉じない以前に、全然違うよ。

コミカンソウは名前を知る人は少ないが、その辺に生えるありふれた雑草である。まさに「名も無き草」と言っていいだろう。

学生はしゃがんで、まだコミカンソウを見ている。私は面倒くさいと思いながらも、道に立ったままそのようすを見下ろしていた。

しばらくして、私は言った。

雑草研の学生のひとりが興味を示したコミカンソウ。
葉の裏にある小さな実が特徴的。海宇 / PIXTA（ピクスタ）

「葉っぱの裏をみてごらん。何か見えるでしょ」

名前を教えるだけではなく、きちんと特徴を観察させるのが、私のやり方だ。

「あっ！　小さな実がいっぱいついています」

学生は、葉の裏にある実を発見したようだ。

「小さなミカンがいっぱい生っているように見えるでしょ。だから『小みかん草』って言うんだよ」

こうして単に名前を教えるだけでなく、自分の目で観察して発見することで、その植物のことが理解できるのだ。

私は鼻をかいた。

「さぁ、そろそろ行こうよ」

そう言いかけた瞬間、学生が私の方を振り向いた。

「花が咲いているのもあります」

「そうだね、実がつく前は花だからね」

「どうして下向きに花が咲いているんですか？」

「えっ？」

私は絶句した。

どうして下向きかなんて、考えたこともなかった。

「えっ？　どうしてだろう。でもハチにだけ訪花させたい植物は下向きに咲くこともあるよね。ハチは下向きの花にもぐることができるけれど、他の虫は花の上側にしかとまれないから」

すると学生は、また何かを発見したようだ。

「花に2種類あります。もしかして、雄花と雌花じゃないですか？」

「えっ、本当？」

恥ずかしながら、私はコミカンソウに雄花と雌花があることを知らなかった。

それを聞いて、他の学生たちもコミカンソウを見始めた。

「根元にあるのが雌花で、先端の方にあるのが雄花みたいです」

「本当？」「どれどれ」「えっ、何で」「違うよ、そうじゃないよ」

学生たちは、コミカンソウをのぞきながら、何やら話し込んでいる。

私は嫌な予感がした。

すると、学生たちが一斉に私の方を振り向いた。

「先生！」

ほら来た。

「どうして先端の方に雄花なんですか？　だってメロンは根元の方に雄花が咲きますよ」

コミカンソウに雄花と雌花があることさえ知らなかったのに、私がわかるはずがない。

私は言葉が出なかった。

偉そうにしていても、私は、コミカンソウのことを何も知らなかったのだ。

ただ、コミカンソウの名前だけは知っていた。名前を知っているから、もうすっかりわかった気になって、こんな風に道ばたにしゃがみこんで、ちゃんとコミカンソウを観察することなどしたことがなかった。

しかし、コミカンソウの名前を知らなかった学生たちは、コミカンソウを観察し、多くのことに気づき、疑問を抱いた。

名前を知っているだけでわかった気になってしまう。名前を知らない方が良いこともあるのだ。

そう思ったとき、このようすを見ていた瓜成さんが、私の隣でつぶやいた。

「雑草って、探究的学習に使える気がします」

5

図鑑どおりに生えてこない！
――スマホ依存の学生の目覚め

現在、「探究的学習」が注目されている。

「探究的学習」とは、自ら問いを立て、それに対して答えを出していく主体的な学びである。何しろ「先のわからない未来」と言われている。先生が出した問いの答えを探したり、教科書の中身を丸暗記するだけでは、とても生き抜くための知恵を身につけることができない。そのため、自分で問いを立てる課題発見力と、自分で立てた問いを解く課題解決力が求められているのである。

そして、そのためには、「自分の目で物事を見て、自分の頭で考える」能力が必要である。

ただし現代では、教育現場で「自分の頭で考える」機会を作ることは相当に難しい。何しろ、何でもスマホで調べれば答えを教えてくれる時代である。

学生に「こっちの道の方が、信号が少ないし早いよ」と教えても、「スマホのナビはこっちを示していますから」と平気で私が示した反対の道を行く。教員よりもスマホの方が信頼されているのだ。

ある学生は自動車で静岡から広島県の宮島に行こうとしたところ、どういうわけか、島根県にたどりついてしまったらしい。何でも島根県にも宮島と同じ「厳島神社」という名前の神社があり、カーナビゲーションにそちらに案内されたというのだ。

とはいえ、広島県は山陽地方だし、島根県は山陰地方だ。

「途中で、おかしいって気がつかなかったの？」と聞いてみたが、カーナビを疑うようなことはなかったらしい。

スマホを満足に使えない私からすると、今の学生たちは何も考えていないように思えてしまう。しかし、間違いなくスマホは便利である。ときどき島根県へ行ってしまうことを除いては、スマホさえあれば、何も考える必要はない。「これは考えさせる良問だな〜」と私が悦に入ってレポート課題を出しても、学生が検索をすれば、世界のどこかに必ず同じような問題があって、解答の例が示されている。学生はその解答をコピペするだけだ。

インターネットにありとあらゆる情報があふれる超情報化社会の現代では、考えさせる授業をすることは、簡単ではないのだ。

それなのに瓜成さんは、「雑草は探究的学習に使える」と言う。

いったい、どういうことなんだろう。

「だって、雑草って、インターネットで調べても全然出てこないじゃないですか？」

瓜成さんの指摘は確かにそのとおりだ。雑草は種類が多いが、研究されている雑草は限られているため、まだまだわかってないことが多い。

「それに、図鑑どおりとは限らないし……」

これもそのとおりだ。確かに、雑草は図鑑に書かれているとおりでないことがある。

たとえば、図鑑に春に咲くと書いてあっても、実際には平気で秋に咲いていることがある。

1メートルの草丈ですと書いてあるのに、10センチくらいで花が咲いていることもある。

雑草が生えている場所は、環境が変化する場所である。そのため、変化する環境に合わせて、自らも変化する力が雑草には求められるのである。

中でも校庭は、特殊な環境である。

校庭の雑草は、校庭の環境に合わせて生えている。

もちろん、インターネットや図鑑の情報は役には立つが、目の前の雑草のことを知るためには「自分の目」で観察するしかないのである。

「インターネットや図鑑で調べてみてもわからないって、探究的学習に使えると思いませんか？」

「確かに！　それ面白いね！」

瓜成さんの提案に、私はすぐに共鳴した。

さらに、自分の目で観察していると、色々な疑問がわいてくる。しかし、その答えもまた図鑑には書いてないかもしれない。だから、自分の頭で仮説を立てるしかないのである。

つまり、自分の目で観察し、自分の頭で考えなければならないのだ。

もちろん、考えた結果、その先に導きだした答えが図鑑に書いてあることと違っても大丈夫だ。何しろ雑草は、図鑑に書いてあることが、正しいとは限らない。そのため、自分の頭で自由に考えることができるのである。

浮く野菜と沈む野菜

それにしても、主体的に考える授業って、どんな授業なんだろう?

悩む瓜成さんに、私は、あるプログラムを紹介してみることにした。

それは私が食育をやっていたときから懇意にしているM川大学のF先生が発案したプログラムだ。

「確か、この辺にあったはずだけど……」

私は、実験室の奥に、水生雑草の実験をするときに使った水槽があることを確認すると、瓜成さんにこう言った。

「明日、また来てくれる? それまでに準備しておくから」

次の日、私はスーパーマーケットでたくさん野菜を買ってくると、水槽にたっぷりと水を入れておいた。

これで準備はＯＫだ。

約束の時間になると、瓜成さんがやってきた。

「それじゃあ、さっそく始めよう」

私はスーパーの袋の中から、ピーマンを取りだした。

「ピーマンは水に浮くと思う？」

「浮くと思います」

「じゃあ、やってみるよ」

私はピーマンを水に浮かべてみた。ピーマンは水に浮かんだ。

「浮かぶよね。じゃあ、サツマイモは？」

「沈むと思います」

サツマイモを水に浮かべようとすると、サツマイモは沈んでいった。


これは、浮力を学ぶためのプログラムである。

たとえば、サツマイモを小さく切ったら浮かぶだろうか？

浮かぶか沈むかは、大きさではなく、比重の問題である。そのため、小さく切っても沈むものは沈む。

ところが、Ｆ先生のプログラムは、浮力を学ぶだけにとどまらない。

たとえば、キャベツは浮かぶだろうか？

それでは、カボチャはどうだろう。ブロッコリーはどうだろう。浮かぶだろうか？

こうして、予想を立てながら、野菜が浮くかどうかを試していくのである。

身近な野菜に興味を持つとともに、「主体的に考える」ためのプログラムでもあるのだ。

これが、Ｆ先生の「野菜の浮き沈み」というプログラムだ。まさに、このプログラムは、子どもたちが仮説を立てて、検証することの繰り返しになっている。

「次はこの野菜を試してみたい！」と好奇心は高まり、子どもたちは主体的に活動を行っていく。

ちなみにキャベツとカボチャとブロッコリーは浮かぶ。

サツマイモやニンジンは沈む。

それでは、浮く野菜と沈む野菜の共通点は何だろうか？

やがて、子どもたちは、「土の上にできる野菜は浮かび、土の下にできる野菜は沈むようだ」という答えを自ら導き出すというプログラムだ。

瓜成さんには、Ｆ先生のプログラムの概要をあえて教えないで実験を続けてもらう。

私は、瓜成さんに聞いた。

「沈んでいったサツマイモは、植物の根の部分だよね。それじゃあ、地面の下にある茎は浮かぶかな？」

たとえば、ジャガイモは根ではなく、茎が太ってできている。地面の下にあれば、茎でも沈むだろうか？

「沈み……ますよね」

瓜成さんは、少し自信がなさそうだ。引っかけ問題かも知れないと、慎重になっているのがわかる。

試してみると、ジャガイモは沈んだ。

「それじゃあ、タマネギはどうだろう？」

「タマネギも沈むと思います」

「じゃあ、やってみるよ」

試してみると、タマネギは浮かぶ。

「そういえば、サラダを作るとき、水にさらすとタマネギは浮きますよね」

瓜成さんは、気づいたようだ。

下手な知識よりも、自分の経験の方が考えるヒントになることもある。

そういえば、カレーライスを作るときにジャガイモは沈むし、水で冷やしたバケツのスイカは浮かんでいる。

「でも、タマネギはどうして……？」

「もしかして、瓜成さんはタマネギが地面の下にできていると思ってない？」

私は言った。

「スマホで『タマネギ畑』を検索してごらん」

「あっ！」

瓜成さんが、短く声を発した。

そうなのだ。じつはタマネギは地面の上の地際にできる。一部は地面に埋まっているが、そのほとんどは地上にあるのだ。ちなみに、タマネギの食べる部分は、鱗茎（りんけい）と呼ばれるが、茎ではなく、実際には、鱗片葉（りんぺんよう）という葉が肥大したものである。

じつは、このプログラム、野菜のことを専門で学んでいる農学部の学生にとっても、十分楽しめる、優れたものなのだ。

「野菜の浮き沈み」のプログラムのポイントは、誰でもわかる問いから始めるということである。まずは、絶対に浮かびそうなピーマンから始める。そして、キャベツやカボチャなど、だんだんと意見が分かれるような野菜について質問していく。

子どもたちは「野菜を浮かべなさい」と指示をされることなく、次々に「野菜を浮かべたくなる」ように仕掛けられているのである。

やさしい問いから初めて、どんどん深い問いへと誘っていくというF先生から教わった手法は、私は自分の授業でも取り入れている。

「じゃあ、ダイコンはどうなるんでしょう？」

瓜成さんが、聞いてきた。

ダイコンは、地面の下にできる野菜である。

しかし、じつは、ダイコンの上の方は地面の上にはみ出している。

そうだとすると、ダイコンの地面の上に出ている部分は浮かぶのだろうか？　それとも沈むのだろうか？

試してみると、ダイコンの下の方（先が細くなっている方）は沈み、上の方（葉っぱに近い方）は縦になって水面より上に出た。どうやら、ダイコンの上の方は浮くようだ。

今度は大根を上部と下部に切って試したところ、ダイコンの上の部分は浮いて、下の部分は沈んだ。

「すごい！」

やっぱり、〝地面の上〟は浮かび、〝地面の下〟は沈むのだ。

「地面の上の根っこはどうなんでしょう？」

瓜成さんが質問した。

じつはダイコンは根っこだけが太ったものではない。ダイコンの下の方は根っこが太っているが、上の方は胚軸と呼ばれる茎の部分が太っている。

ダイコンの芽生えである貝割れ大根をイメージするとわかりやすいかもしれない。胚軸は双葉と根っこをつなぐ部分だ。ダイコンの上の方は胚軸である。よくダイコンは上の方は、辛みが少ないと言われるが、それはダイコンの上の部分は胚軸だからなのだ。

ということは、胚軸が浮かんで、根っこが沈んでいるだけなのかも知れない。

ダイコンの胚軸と根っこは、見分けることができる。ダイコンをよく見ると、ポツポツと小さな穴がある。この小さな穴は細かい根っこが生えていたところなので、この穴があるところはダイコンの根っこの部分ということになる。

畑で見ると、この根っこの部分も地面の上にはみ出てしまうことがある。

この地面の上の根っこは、浮かぶのだろうか？　それとも沈むのだろうか？

買ってきたダイコンではわからないが、畑であれば、地上にはみ出た根っこがわかる。

そして、ここは大学の農場である。畑ではダイコンを育てているのだ。

「ダイコン取ってきます」

瓜成さんは、もうダイコン畑に向かって走り出していた。

さて、ダイコンの地面の上の根っこは浮かぶだろうか？　沈んだだろうか？

その答えは秘密にしておこう。

ぜひ、プランターでダイコンを育てて、試してみてほしい。

「サツマイモやニンジンは、栄養分を蓄積して、根っこが太っていますよね」

瓜成さんが、聞いてきた。

「じゃあ、細い雑草の根っこはどうなるんでしょう？」

「うーん、どうなるんだろうね？」

私はうなってしまった。

木材が水に浮かぶように、植物は基本的には水に浮かぶ。しかし、サツマイモやニンジンは、栄養分を蓄積しているから、比重が大きい。だから沈むのである。

それでは、細い根っこはどうだろう。

地面の下の根っこは植物を土の中に固定しなければならないから、水よりも比重が大きい気がする。しかし、抜いた雑草が浮いているのを見たことがあるような気もする。

どっちなんだろう?

「やってみようよ！」

私の足は、もう外に向かって雑草を取りに駆けだしていた。

瓜成さんは、雑草を教材として授業に使うことを考えたときに、もともと「根っこ」にこだわっていた。何でも小学生のときにアサガオを育てたときに、根っこがどうやって育っているのか、とても気になっていたらしい。しかし、育てているアサガオを抜くことはできない。

その点、雑草は抜き放題である。

私と瓜成さんは、思う存分、雑草を抜いてきた。


それでは、雑草の根っこは浮かぶだろうか？

雑草の根っこが教えてくれたこと

結論を先に言おう。

雑草の根っこも沈む。

しかし、このとき私と瓜成さんが実験した結果、浮かぶ根っこと沈む根っこがあり、本当のところ根っこが浮かぶのか沈むのか、結局わからなかった。

そして、どんな根っこが浮かぶのかも、まったくわからなかったのである。

そのあと私は、季節を変えて、さらにさまざまな雑草で試してみて、現在では、それなりにどんな根っこが浮かぶのかについての仮説を持っている。

大学教授にまでなったいい大人が、「雑草の根っこの浮き沈み」に夢中になってしまったのだから面白い。

それでは、どんな根っこが浮かぶのだろうか？

これも秘密にしておこう。

バケツひとつあればできるので、ぜひ、色々な雑草を抜いて試してみて欲しい。

いったい、どんな根っこが浮かぶのだろうか？

どんな根っこが浮かぶのか？　沈む根っこの共通点は何なのか？　瓜成さんとの実験中、喧々ガクガクやっていると、声がうるさかったのだろうか、隣の部屋から他の学生たちがやってきた。

「じゃあ、自分たちが解きましょう」とばかりに、雑草の根っこを浮かべ始めた。

やっぱり浮かぶ根っこと沈む根っこがある。

「えっ、どういうこと？」

「単子葉と双子葉の違いじゃないの？」

「イネ科はどうだろう？」

「浮かぶのは湿ったところに生えている雑草とかじゃないですか？」

ワイワイガヤガヤ、にぎやかに議論し始めた。

新たな雑草を取りに行く学生もいる。

根っこを浮かべてみるというだけの単純な実験なのに、雑草を専門に学んでいる学生たちが興味深そうに、楽しそうに勝手に実験して、勝手に話し合っている。

ふだんはスマホに出てくる情報にばかり頼り、受け身がちな「指示待ち型」の学生まで、先頭を切って取り組んでいるから、私は笑ってしまった。

これは、本当に探究的学習に使えるかも知れないぞ。

そして笑った後で、反省をした。

私が指示待ち型とレッテルを貼っている学生が「指示待ち型」だったのではない。

彼はこんなにも楽しそうに実験に取り組んでいる。足りなかったのは、その好奇心を引き出せなかった私の方である。私が彼を指示待ち型にしていたのだ。

私はそれを「雑草の根っこ」に教わった。


「トゲが生えていて面白いなぁ、と思って」

校庭の調査をさせていただいたお礼に、希望する先生方に向けた小さな研修会をすることになった。

「それでは今から、校庭の雑草を見ていきます」

私が説明しているそばから、「これ何ですか？」と質問してくる先生がいる。

まだ説明しているのに……これじゃあ、まるで授業崩壊だ……！

驚いたことに、後から聞くと、その先生は教えるのが上手いと評判の先生だと言う。

「教えるのが上手」なのと、「教わるのが上手」なことは別なのだ。

その先生が指さす方向を見ると、今まで調査した学校では見られなかった外来種の雑草である。

おそらく質問した先生が勤務する学校で、この雑草を見る確率は低いだろう。名前を教えるのは簡単だが、安易に名前を言えば良いものなのだろうか。「ホウネンタワラチビアメバチ」の思い出もよみがえってくる。

私は逆に質問してみた。

「先生、本当にこの雑草の名前知りたいですか？　けっこうレアな雑草ですけど」

すると、その先生が答えた。

「トゲが生えていて面白いなぁ、と思って」

なるほど！

私はストンと腑に落ちた。

先生方は、雑草の名前をほとんど知らない。名前を知りたいのであれば、片っ端から名前を聞いてくるはずだ。

しかし、その中からわざわざこの雑草を選んできて「これ何？」と聞いてきた。それは、その雑草が、面白いと思ったからなのだ。

「これ何？」は「面白いもの見つけました」という意味だったのである。

先生たちでさえ、そうである。子どもたちはなおさらそうだろう。

よし、わかったぞ。

それからは、先生たちが「これ何ですか？」と聞いてくると、私はこう答えてみることにした。

「面白いもの見つけましたねぇ。それ、どこが気になりました？」

この研修会の中で、私が伝えたのは、「雑草とひとくちに言うけれど、色々な個性がある」ということと「校庭の雑草は何気なくどこにでも生えるわけではなく、それぞれ得意なところに生えている」ということである。

「どうしてそこに生えているのだろう？」「どんな生き方をしているのだろう？」

そんな視点で、先生方と校庭の雑草を探していく。

興味深いことに、校庭の雑草を見て歩いて行くうちに、だんだんと「これ何？」という質問が減ってきた。

「どうして、こんな場所に生えているんでしょう？」

若い先生が質問すると、別の先生が答える。

「雨が降ると水が溜(た)まるからじゃないですか？」

「この雑草と、この雑草は、葉っぱの色が違うように見えます」

「どうしてでしょう?」

「不思議ですねぇ」

もう先生たちだけで話し合っている。

だんだん面白くなってきた。

教えるべきは「雑草の名前」ではなく、「雑草の見方」だったのだ!


子どもたちが走り回る運動場には雑草は少ない。しかし、校長先生が話をする朝礼台の下には、さまざまな雑草が生えている。踏まれるのが苦手な雑草は、こんな場所に隠れているのだ。

滑り台などの遊具の下は、意外と雑草が多い。

ジャングルジムの下にも雑草が生えているが、子どもたちが頻繁に通る道は、雑草が生えない。そのため、ジャングルジムを上から見ると、迷路の通り道が雑草の生え方で浮き出て見える。

タイヤ跳びのタイヤの下にも雑草が隠れているのを見つけた。

「どんな気持ちで生えているんでしょうねぇ」

ある先生がつぶやいた。

「日当たりは悪いけれど、土は乾きにくくて湿ってますよ」

「人間には抜かれないし、強い風も防げるし、意外と居心地が良いのかも知れませんよね」

「それ、雑草の気持ちになって日記を書かせたら面白いかも知れませんよ」

「雨の日とか、寒い日とか」

「台風の日とか」

「低学年で日記が難しければ、写真を見せて、ひとこと言わせるだけでもいいかもしれませんね」

先生たちは、自分たちのクラスを思い浮かべながら、次々に授業を組み立てていく。

「『自分っぽい雑草』という写真を撮らせて、紹介させたらどうでしょう」

「自己紹介だと本音を言わないけれど、『自分っぽい雑草』だと話しやすいかも知れないですね」

やっぱり学校の先生というのは、すごい。次々に授業のアイデアがわいてくる。

もう、「これ何ですか?」と聞いてくる先生はいない。

そんな楽しそうな授業なら、もう雑草の名前など、一切必要ないだろう。

やっぱり校庭の雑草は面白い!

【みちくさコラム】

植物の成功を司る3つの要素

植物の成功の要素は、CとSとRの3つに分かれると考えられている。

Cは、「競争（Competition）の強さ」である。

自然界では、常に激しい競争が存在する。競争に勝った者は生き残り、競争に敗れた者は滅んでいく。それが自然界の鉄則である。

それは、植物の世界であっても同じである。

植物の成長に必要なものは、光と水と土の中の栄養である。植物はこの資源を奪い合って激しく競争をしているのだ。

森の中はたくさんの植物が競い合っている場所である。森に生える大きな木は、競争に強い植物である。

強い者が生き残る、それが自然界の鉄則である。

しかし、競争に強いことがすべてではないことが、自然界の面白いところだ。

SとRは、他の強さである。

Sは「ストレス（Stress）に対する強さ」である。

「ストレス」という言葉は、人間だけのものではない。植物にもストレスはある。

光や水が足りなかったりすることは、植物にとってはストレスだ。

ストレスに強い代表的な植物は、サボテンである。サボテンは、雨の少ない砂漠に生えている。そこで求められるのは、競争の強さではない。じっと雨が降るのを待ち続ける忍耐強さなのである。

Rは、「ルデラル（Ruderal）」である。Ruderalは直訳すると「荒地に生きる」という意味である。「荒れ地に生きるたくましさ」がルデラルである。

ルデラルは「変化を乗り越える強さ」であると考えられている。

しかもその変化は、秋が終われば冬になるというような決まった変化ではなく、何が起こるかわからないという予測不能な変化である。

そして人間が自然を改変して作り出した環境に生える雑草は、このルデラルの典型であるとされているのである。

雑草イコール〝何でもない草〟と私たちはとらえがちである。そうではなく、予測不能な変化を乗り越えられる植物だけが、雑草になることができるのだ。

＊　＊　＊

強い者が生き残る、それが真実である。

しかし、競争に勝つことだけが強さではない。

じっと我慢をする強さもあれば、変化を乗り越える強さもある。

本当は、色々な強さがあるのだ。

6

学校の田んぼで凜と立つタイヌビエ

——校庭の雑草が伝えるもの

植物の成功の要素は、C（競争に勝つ力）とS（ストレスに耐える力）とR（変化を乗り越える力）の3つに分かれていると言われている。

この3つのバランスで、それぞれの植物が自分の強さを発揮しているのだ。

雑草は植物全体の中で見るとRの要素が強い。

しかし、雑草の中にも比較的競争（C）に強いものもあれば、比較的ストレス（S）に強いものもある。

たとえば、グランドに生える雑草は、子どもたちに踏まれるというストレスがある。また、土も硬くて乾きやすい。そのため、ストレスに強い雑草しか生えることができない。

一方、花壇は耕されたり、草取りされたり、予測不能な変化が起こる。そのため、変化を乗り越える能力に優れた雑草が生える。花壇の中に生えることを許された雑草は、いわば雑草の中の雑草だ。

一方、校庭の隅や校舎の裏では、あまり管理されずに、ときどき除草するような場所がある。そんな場所では、雑草たちの競争が繰り広げられる。そのため、雑草の中でも競争に強い大型の雑草が生える。

校庭という限られた範囲の中でも、植物のCとSとRを見ることができるし、雑草が得意な場所で生えていることを知ることができるのである。

先生方と学校の中を散策していると、運動場の一部にロープが張られており、ドッジボールのコートになっていた。

ドッジボールのコートには、中でボールを投げ合う内野と、コートの外からボールを投げ合う外野がある。

面白いことにラインの内側のコートの内野にはオヒシバが生えている。オヒシバは踏まれることに強いのだ。そして、コートの外野にはコスズメガヤという雑草が生えていた。ラインの内側と外側で生えている雑草が違うのである。おそらくは、コスズメガヤの方がオヒシバよりも、少し踏まれるのに弱いようだ。

「面白いですねぇ」

先生方も、興味深そうにラインをまたいで写真を撮っている。

私は聞いた。

「このあたりって、ボールに当たって外に出た子が、集まっておしゃべりしている場所じゃないですか？」

外野でボールを投げる場所の少し外側には、オヒシバやコスズメガヤほど踏まれるのに強くないメヒシバが生えていたのである。

校庭の雑草調査は瓜成さんの研究テーマだったが、面白そうなので、時間のあるときはいつも瓜成さんについていった。

都会の学校から、山の中の学校、マンモス校や小規模校、できたばかりの新設校から、１００年を超える伝統校まで、瓜成さんのおかげで色々な学校を見させてもらった。

「都心の学校なので雑草はありません」

調査をお願いしたいくつかの学校からはそう言われた。

「大丈夫です。それでも構いません」

じつは東京の都心部でも雑草は生えている。

ある雑誌の企画で、銀座の中央通りの雑草を調査したことがあるが、春の七草のハコベやナズナ、ハハコグサが見つかった。

ラジオ番組のネタにするために渋谷駅からスペイン坂に生えている雑草を数えたら、30種も見つけることができた。

都心であっても、意外と雑草を見つけることができるのである。

都心の学校もそうである。

確かにグランドはゴムで舗装されていて、土のグランドのように雑草は生えていない。しかし、ゴムの割れ目には雑草が見つかるし、グランドの外側には雑草が生えている。

それどころか、都心の学校には予想していたよりも、雑草が多かった。

都心の学校はビル街の真ん中にある。まわりに土は少ない。しかし、その分だけ、学校の中には木が植えられていたり、花壇が確保されていたりする。中にはビオトープが整えられている学校もある。プランターが並べられていて、野菜が植えられていることもある。

思いの外、自然環境が守られているのだ。

確かに、まわりのビル街にも雑草は多くある。しかし、それは都会で見られる都会の雑草である。

一方、学校の校庭には、学校のまわりでは見られない種類の雑草が多く見られるのだ。

おそらくそれらの雑草は、学校という限られた空間の中で命をつないでいるのだろう。

よく見ると田んぼの畦(あぜ)や畑に生えているような雑草も混じっている。

都会の学校は、自然環境が守られたオアシスのような存在なのだ。

調査を終えて、職員室でお礼を言って廊下を歩いていると、子どもたちが調べた学校の歴史が展示されていた。今はビルに囲まれたこの学校も、以前はまわりに田んぼがいっぱいあったらしい。そして、小川が流れ、水車小屋もあったというのだ。

時代の流れの中で、風景は変貌を遂げ、今やそんな田園風景の面影もない。しかし、じつはその学校には、田園風景に生えるような雑草が、校庭の中に生えていた。

もしかすると、校庭の雑草は、在りし日のその地域の環境を今に伝えるものなのかも知れない。

日本タンポポと西洋タンポポ

タンポポには昔から日本にある日本タンポポと、明治時代以降に海外から日本にやってきた西洋タンポポとがある。

一般に西洋タンポポは都市部に分布しており、日本タンポポは自然が豊かな郊外に分布していると言われている。そのため、西洋タンポポの分布は、都市開発による自然破壊のバロメーターとも言われている。

都市部で西洋タンポポが多いのには理由がある。

日本タンポポは、他の個体と交配して種子を残す。つまり「他殖」である。

これに対して、西洋タンポポは、他の個体と交配しなくても、自分だけで種子を残す能力を持っている。つまり「自殖」である。

そのため、西洋タンポポは、花粉を運ぶ昆虫がいなくても、まわりに仲間がいなくても種子を生産することができる。だから、自然の少ない都市部でも繁殖することができるのだ。

それでは、どうして西洋タンポポは自然が豊かな場所には分布しないのだろう。

日本タンポポは春にしか咲かない。一方、西洋タンポポは春から秋まで花を咲かせ続ける。だからといって、西洋タンポポが必ずしも有利とは言えないのが、自然界の面白いところだ。

日本では夏になると草が生い茂る。そんな環境で小さなタンポポが花を咲かせることは難しい。そこで、日本タンポポは春の間に花を咲かせて、夏には自ら枯れてしまう。そして、地面の下の根っこで夏を過ごして、生い茂る大きな草との競争を避けているのだ。

一方、西洋タンポポは夏にも花を咲かせようとして競争してしまうから、消耗が激しい。そして、競争の末に枯れてしまう。そのため、他の植物が生えるような自然豊かな場所では西洋タンポポは生えることができないのである。

今、西洋タンポポの分布が拡大する中で、日本タンポポを見る機会は減っている。西洋タンポポが日本タンポポを駆逐しているようにも見えるが、実際にはそうではない。日本タンポポが生えるような日本の自然が失われているのだ。

もっとも、都市部でも日本タンポポが群生しているところがある。

それはお城である。

かつてはお城を中心に城下町が作られ、そこから都市が発達していった。そのため、お城は街の中にある。ほとんどは公園のように整備されているが、お堀の土塁は、昔からの環境が維持されていることが多い。このような場所では日本タンポポを見ることができるのだ。

ところが、である。

小学校の調査をしていて驚いたことがある。

小学校の中には日本タンポポが咲いていることが珍しくないのだ。

もちろん、学校を作るときには工事が行われている。ただ、昔からの地形を利用していたり、昔からの土手が残っているところも多い。まわりが開発された場所でも、学校の中には昔からの自然が残されているのだ。

まさに、地域の学校は、昔からの地域の環境を今に残す「ノアの箱船」のような存在なのである。

学校の中には、あまり見かけない珍しい雑草が生えていることがある。

ある学校では、グランドの隅のバックネットの裏のところにまとまって生えていた。

「すいません、ここはあまり管理していなくて……」

案内してくれた先生が、申し訳なさそうに言い訳する。

確かに校庭の隅なので、管理が行き届いていないようだ。大きな雑草が生えていた。

しかし、私にとっては雑草が生えている方がありがたい。見ると、土がこんもり盛り上がったところにエゾノギシギシが生えている。

えっ！

私は驚いた。

ギシギシにはいくつかの種類がある。

エゾノギシギシは道ばたや荒れ地に生えると図鑑には書かれているが、他のギシギシのように道ばたで見かけることは少ない。よく見かけるのは、牧草地である。

しかし、この小学校は住宅地の真ん中の小学校である。まわりに牧草地などあるはずがない。

「あのー、もしかして、このあたりは、昔はウシを飼ったりしていませんでしたか？」

「さぁ、わかりませんが……」

と先生は、答えた。

「ただこのあたりは、山を開発して作った新興住宅地なので、昔は農村地帯だったと聞いています。ウシくらいは飼っていたかも知れません」

この小学校は、明治の始めに建てられた歴史ある学校である。

牧場はなかったとしても、トラクターのような機械が普及する以前は、畑を耕すために、どこの農家でもウシを飼っていた。

各家に牛乳が配達されていた昭和の頃は、まだ乳牛は少数ずつ各地で飼われていた。

もしかすると、この地域でもウシが飼われていたのかも知れない。

そして、牧草地に生えていたエゾノギシギシが、学校のすみっこでその歴史を伝えているのかも知れないのだ。

ある小学校では、校庭の隅に田んぼが作られていた。

ここで、子どもたちが米作りを体験するのだという。

その田んぼを見たとき、私は目を見張った。久しぶりにある雑草を見かけたからである。

その雑草がタイヌビエである。

タイヌビエが生き延びるために選んだ戦略

タイヌビエは「田犬稗」と書く。「田んぼの犬びえ」という意味だ。

雑草の中で「犬」とつくのは、有用な植物に似ているが役に立たないという意味がある。「犬死に」と同じようなニュアンスなのだ。

たとえば、麦に対して、イヌムギという雑草がある。あるいは薬味に使われる蓼（たで）に対して辛みがないイヌタデという雑草もある。

イヌビエは雑穀の稗（ひえ）に似ていることから、イヌビエと名付けられている。タイヌビエはイヌビエの近縁種で、田んぼに特化した種類である。

除草剤が普及する前の田んぼでは、農家の人たちは何度も何度も田んぼを這いつくばって草取りをしなければならなかった。昔の人の苦労は相当だったと思う。

しかし、雑草の立場になってみるとどうだろう。

何度も何度も草取りが行われる田んぼで生き延びることは簡単ではない。

小さな雑草なら草取りを逃れることができるかもしれないが、タイヌビエは大きな雑草である。

どうすれば田んぼで生き延びることができるだろうか。

そこでタイヌビエが選んだ戦略が「擬態」である。擬態は、カメレオンがまわりの色に同化したり、ナナフシが枝のような形をしているような、何かに似せる進化である。それでは、タイヌビエは何に姿を似せたのだろう。

じつは、タイヌビエはイネに姿を似せている。

イネに似ていれば、農家の人に抜かれることはない。「木を隠すなら森に隠せ」の格言どおり、タイヌビエは、田んぼにたくさんあるイネに紛れて身を守っているのだ。

田んぼにはイヌビエも生える。図鑑にはタイヌビエとイヌビエの細かい見分け方が説明されているが、「イネに似ている」という性質においては、タイヌビエとイヌビエはまったく異なる。

タイヌビエは本当にイネそっくりなのだ。本当に惚れ惚れするほど、イネに似ている。

作物を品種改良するときには、人間が優れた個体を選び出す「選抜」という作業を繰り返すことによって、優れた品種が作り出される。

タイヌビエも同じである。イネに似ていないタイヌビエは抜かれ、少しでもイネに似ているタイヌビエは見逃されて残される。人間が草取りを繰り返すことによって、イネそっくりなタイヌビエが作り出された。タイヌビエもまた、人間が作り出した植物なのである。

しかもタイヌビエは、品種ではなく、イヌビエとは異なる「種」である。

イネは野生のイネから栽培種のイネが作られただけだ。新しい種が作られたわけではない。しかし、タイヌビエは、人間が作り出した新しい種なのである。

しかし、除草剤が普及した現在では、誰も田の草取りをすることはない。

もはやイネに似ていることに何のメリットもないのだ。

それどころか、イネでもないのに、無理に姿かたちをイネに似せていることにはデメリットも多いのだろう。近縁のイヌビエは田んぼでよく見かけるが、タイヌビエを見ることは滅多にない。除草剤が普及する中で、タイヌビエは人知れず、姿を消しているのだ。

しかし、学校の中にある目の前の田んぼには、タイヌビエが生えている。

学校の中の田んぼでは除草剤は使われない。そして、子どもたちの手によって、今も田の草取りが行われている。

タイヌビエはイネよりも背が高く、凜(りん)と立っている。

じつは除草剤が使われるようになり始めた頃から、イネは背が低くなるように品種改良されてきた。背が高いと台風などの強い風が吹いたときに倒伏して収穫できなくなってしまう。そのた

イヌビエの変種、タイヌビエ。イネに“擬態”
して身を守るツワモノ。hiro / PIXTA（ピクスタ）

め、倒れにくいように、背が低くなるような品種改良が行われてきたのである。背が低いと雑草との競合が問題になるが、除草剤があるからその心配はない。肥料をたくさんやっても背は伸びにくいから、化学肥料をたっぷり与えてもイネが倒れる心配はない。こうして、品種改良と、化学農薬、化学肥料はそれぞれ連携しながら、稲作技術を近代化させてきた。そして、タイヌビエは、その流れの中ですっかり置いてきぼりを食ってしまったのである。

そのため、タイヌビエはイネよりも背が高い。

イネに身をやつしているが、タイヌビエはタイヌビエである。

校庭の田んぼの中に凜と立つタイヌビエは、とてもとても神々しく思えた。

校庭は雑草が雑草らしくいられる場所なのだ。

私は、うれしい気持ちになった。

タンポポコーヒーのような気持ち

こうして、校庭の雑草調査を終えた私たちは、研究の成果を雑草学会で発表することにした。

雑草学会は最先端の研究成果を発表する場である。新しい除草剤が紹介されたり、最新の除草技術が紹介される。除草剤が効かない変異をした雑草の出現や、新しい外来雑草など重要な雑草の問題についても議論される。

「小学校校庭の雑草の調査」は、雑草学会では明らかに異質な発表だ。瓜成さんの研究成果は、雑草研究者にどのように受け入れられるだろうか。

瓜成さんは、探究的学習が求められる中で雑草が教材として優れていることと、学校教育の中で雑草を使うことの有用性、そして雑草を使った学習プログラムや教材の可能性について発表をした。

発表が終わると、質問や議論の時間がある。

もしかしたら、「このような発表は学会にふさわしくない」と言われるかも知れない。

質問を求めるたくさんの手が挙がった。いったい、どんな意見が出るのだろう。私はドキドキした。


重鎮として知られる除草剤の専門家が手を挙げている。

わぁー、何を言われるんだろう……。

私の心配をよそに瓜成さんは平然としているように見える。大したものだ。

「この種類の雑草は生えていませんでしたか？」

……えっ、そんなこと？？　私は拍子抜けした。

「それは見つかりませんでした」――瓜成さんは、きっぱりと答えた。

いくつかの質疑をやりとりした後、最後にその先生はこう言った。

「校庭の雑草調査って、面白いですね〜」

重鎮と言われる先生にとっても、校庭は立ち入り禁止の謎の場所である。校庭にどんな雑草が生えているのかは、雑草研究者みんなにとって気になる内容だったのだ。

最後に手を挙げたのは、雑草分類の専門家だ。もしかしたら、分類が違うという指摘かも知れない。私は緊張した。

しかし、そのコメントは学会の場としては、意外なものだった。

「もっとワクワク感があってもいいのではないでしょうか」


えっ。

緊張していた私は拍子抜けした。

その先生は続けた。

「せっかく雑草を使うのですから、無理に教科書に当てはめて〝お勉強〟にすることよりも、もっともっとワクワク感を大切にしてください」

私はハッとした。

その通りだ。

私たちは校庭の雑草を教材にすることに気を取られすぎて、理科の教科書や総合的学習の枠組みに当てはめることを考えすぎていた。

校庭の雑草は面白い、自然って面白い、科学って面白い、その気持ちこそが大切なのだ。

発表時間が終わった後も、たくさんの先生方が瓜成さんのところにやってきて、「こんなことやったらどう？」「この雑草、面白いよ。使えない？」とアドバイスしてくれている。

そうなのだ。今は難しい研究をしている雑草研究者も、「雑草って面白い」というワクワク感が、雑草学を学び、研究者としての道を歩むスタートだったのだ。

おそらく瓜成さんの発表は、雑草学会の先生方にそんな原点を思い出させてくれたのかも知れない。振り返れば、校庭の雑草の調査は、私にとってもとても楽しい経験だった。

「さぁ、これですべて終わったね。お疲れさま」

なんかコーヒー飲みたいな。後でゆっくりコーヒーを飲もう。

「先生、校庭の雑草って面白いですね」

瓜成さんが、改まって言う。

「そうだね。思っていたより、ずっと面白かったね」

本当に、そうだ。こんなに面白いなんて思ってもみなかった。

「先生、今って『タンポポコーヒーのような気持ち』ですか？」

瓜成さんがあっけらかんと聞いてきた。

「何だ、それ？」

「だって、先生、『(何かをやり終えた後は) タンポポコーヒーのようなほろ苦い気持ちになる。』って、先生の本に書いてあるじゃないですか」

「あ……」

思い出した。

おそらく、それは私が初めて書いた農業体験の本の最後のほうに書いた文章だ。

「もしかして、あの本、読んだの？」

「読みましたよ。そもそもあの本を読んで先生の研究室を希望して来たんですから」

「いやいや、あんなの20年以上前の本だよ」

まさか、この歳になって大昔に書いたものを学生に読まれているなんて……。

おいおい、今こそほろ苦い気持ちだよ。

私は昔飲んだ、タンポポコーヒーの味を思い出した。

7

四つ葉のクローバーは立ち上がらない
——頑張り屋の学生は「頑張らない」を頑張る

幸せのシンボルである四つ葉のクローバー（シロツメクサの葉っぱ）を見つけるにはコツがある。

じつは四つ葉のクローバーは踏まれやすいところに多い傾向にあるのだ。

四つ葉が生じる原因はいくつかあるが、そのうちのひとつは葉の基になる葉原基（ようげんき）と呼ばれる部分が傷つくことにある。踏まれると葉原基が傷ついて、三つ葉になるはずが四つ葉になってしまうのだ。

図鑑には、よくそう説明されている。

しかし、四つ葉のクローバーが踏まれやすいところに多いって、本当なんだろうか？

それが鳥海（とりうみ）さんの研究テーマである。

鳥海さんは、心の病気で学校を休んでいた学生である。

そんな鳥海さんが、私の研究室に見学にやってきた。どうやら、私の研究室への分属を考えているらしい。

私の研究室は広々とした農場にあるから、学生と話をするときに、あえて部屋の中で行う必要はない。学生と肩を並べながら、のんびり農場の中を歩いた方が、面と向かって話すよりも話しやすい。おそらく学生も同じだろう。

ひととおり、研究室の説明をした後、畑の土手に座って休んでいると、鳥海さんが何かを見つけたようだ。

「四つ葉のクローバーがあります」

「えっ、どこどこ?」

「ほら、あそこにあります」

鳥海さんの指さすところを見ても、全然わからない。

「えっ、見つからないけど、どこにある?」

そうこうしているうちに、鳥海さんが言った。

「あっ、あそこにもあります」

「えっ、どこにある?」

「あそこにもありました」

私がまごまごしているうちに、鳥海さんは、いくつも四つ葉のクローバーを見つけていった。

「鳥海さんは、幸せを見つけるのが得意だねぇ」

四つ葉のクローバーは、幸せのシンボルとして知られている。

聞けば鳥海さんは、四つ葉のクローバーを見つけるのが得意らしい。

何でも、たくさんある三つ葉の中で、四つ葉が光って見えるらしい。

どうにも信じがたいが、事実、その後も鳥海さんは歩きながら次々と四つ葉のクローバーを見つけていった。幸せに巡り合う名人というのは、本当にいるものなのだ。

雑草は踏まれたら立ち上がらない

鳥海さんが、どうして学校に来ない時期があったのか、そんなことは私には関係はない。ただ、私はいつも雑草の生き方に励まされる。そして、雑草の生き方を参考にしている。

だから、雑草の生き方を見ることは、きっと鳥海さんの力になるのではないかと何となく思った。

話を聞けば、鳥海さんはとても頑張り屋だ。

十分に頑張っているのに、「もっと頑張らなきゃいけないのに……」と思っている。そして、思うように頑張れない自分が嫌いになってしまうのだ。

私は言った。

「雑草ってさぁ、頑張っているように見えるよね」

「はい」

「でも本当は、頑張ってなんかいないよ」

「えっ？」

鳥海さんが驚いた顔で私を見た。

「雑草は踏まれても踏まれても立ち上がるって、言うでしょ」

「はい」

「でも、見てごらん、踏まれている雑草は立ち上がっていないでしょ」

私は畑の道に生えている雑草を指さした。

「踏まれている雑草は踏まれても大丈夫なように、立ち上がらずに寝そべっている。別に立ち上がらなくたっていいんだよ」

「雑草魂って言うわりには、何だか情けないですね」

鳥海さんが笑っている。

「雑草にとって大切なことは何だと思う」

「タネを残すことですか？」

「そうだよね。そうだとしたら、踏まれても踏まれても立ち上がるって、ムダなエネルギーを使っていると思わない」

「確かにそうですね」

「だから雑草は踏まれたら立ち上がらない。そして、踏まれながらタネを残す方にエネルギーを使うんだ」

「そう考えると立ち上がらないってすごいですね」

「大切なことを見失わない、それが本当の雑草魂なんだ」

「………」

鳥海さんは黙っている。

「授業でやったよね。雑草のタネは環境が合わなければ芽を出さないって。無理して頑張らないのが雑草の生き方なんだよ」

「私、『置かれた場所で咲きなさい』という言葉が好きだったんです。与えられたところで頑張ることが大事だと思っていたんです。でもその言葉がずっと重荷だったんです。本当は、置かれた場所で芽を出さなくてもいいんですね」

渡辺和子さんの「置かれた場所で咲きなさい」は、私も大好きな言葉だ。しかし、受け手の心の状態によっては、この言葉に苦しむ人もいるのだ。言葉というのは、本当に難しい。

それにしても鳥海さんの「置かれた場所で芽を出さない」もすてきな言葉だ。

「そうだね、水辺の雑草が水のないところで頑張っても意味がないからね。水が溜まるのを待つのが正解だよね」

「雑草は頑張らない」

シロツメクサは三つ葉だが、ときどき四つ葉が見つかる。幸せのシンボルの由来は、十字架に似ているから。Hana／PIXTA（ピクスタ）

それが、鳥海さんが気づいたことだ。

鳥海さんは四つ葉のクローバーを探すのが得意である。

その特技を活かして、広い農場のどこに四つ葉のクローバーが多いのか、くまなく調査をした。

その結果、どうだろう。じつに興味深いデータを得ることができた。

初夏には茶畑の周辺で四つ葉が多くなり、冬になるとミカン畑で四つ葉が多くなることが明らかとなったのだ。

どうして、そんなことが起こったのだろう。

おそらくは、こうだ。

茶畑では4月の終わりから5月にかけて茶の収穫をする。そのため、たくさんの人が茶畑に入ったり、軽トラや機械が農道を通る。こうして踏まれることによって、その後の初夏に四つ葉が多くなるのだ。

ミカン畑も同じである。温州ミカンの収穫時期は冬である。そのため、冬の初めになると人がミカン畑に頻繁に入り、軽トラや運搬車も行き来する。こうして踏まれることで四つ葉が増えるのだ。

ミカン畑では、その後、四つ葉は減少するが、春先に剪定作業が行われると、四つ葉が増加した。また、カキ畑でも剪定作業の後に四つ葉が増加した。あまりにも鮮やかに、作業で踏みつけた後に四つ葉のクローバーが増加する傾向が得られた。「幸せの四つ葉のクローバーは踏まれて育つ」は本当だったのだ。

さらに鳥海さんは、温室の中で育てたシロツメクサに10キログラムの漬物石を乗せて踏み続けて、踏みつけることで四つ葉のクローバーの発生率が高まることを実験的にも証明した。

この子たちをはみ出させる社会の方がおかしい

鳥海さんといっしょに、中学生を対象としたフリースクールで授業をさせていただいたことがある。

69ページに登場した瓜成さんと校庭の雑草を調査するようになってから、全国の学校から多くの講演依頼をいただくようになった。ただその数があまりに多いので、ほとんどすべてお断りさせていただいている。

じつは、そのフリースクールからの依頼も一度はお断りしていたのだが、学校からのていねいなお手紙を読んだ妻に「本当に求められているところには行きなさい！」とたしなめられて、お受けすることになった（そのため、その学校からは、私よりも妻の方が感謝されている）。

もっとも、私もこの学校で授業をさせてもらって良かったと思っている。私の方が教わることが多かったからだ。

フリースクールは、学校の授業についていけない子どもたちが通う場所だと思っていた。しかし、子どもたちと接して驚いた。

じつに優秀なのである。

感受性が豊かで、物事を深く深く考えている。中学生なのに、大学生よりも、いや私たち大人よりもずっと考え込まれたレポートを書いてくる。

この子たちがはみ出しているのだとしたら、この子たちをはみ出させる社会の方がおかしい、と真剣に思った。

このフリースクールは、来るのも来ないのも自由。授業に出るのも出ないのも自由。授業に出る子もいれば、校長室で勉強をしている子もいる。家で勉強している子どもたちもいる。すべての子どもたちに、居場所があるのだ。

まもなく、私の担当する授業が始まる。鳥海さんといっしょに校長室で待機していると、校長先生と勉強していた子が、「次の授業行こうかな？　どうしようかな？」と先生と話している。

いやいや、本人、目の前だよ……。

私は緊張した。

価値がないと思われれば、子どもたちは私の授業を聞きに来ない。

面白くないと思われれば、授業の途中で帰ってしまう子もいるだろう。

たとえ寝ていても内職していても、最後まで授業を聞いたフリをして教室にいてくれて、先生が気に入るようなレポートを出してくれる大学生たちは、本当にありがたいと、このときは思った。


「校庭で、みんなが気になる雑草の葉っぱを2枚取ってきてください」

いよいよ授業が始まった。


2枚を取ってくるように言ったのは、1枚だと「友だちと同じ」ものを選んでしまうからである。2枚であれば、自分の好きな葉っぱを2枚目に選びやすい。

幸い、今回は同じような葉っぱが集まることはなかった。

「みんなと同じ」であることには、もう疲れているのだろう。

調子に乗って、木の枝を折ってきてしまった子もいた。

「おいおい、雑草って言ったでしょ」

まわりの先生たちは笑っている。明らかに雑草ではない、モミジやカエデの葉を取ってきた生徒もいたからだ。でもこうして、子どもたちが調子に乗っているのは、授業を楽しんでいるということなのだ。

こういうの、いいなぁ。

そもそも、雑草って何だろう。

「雑草」という言葉に明確な定義はない。一般的には「邪魔な草」という意味合いで使われるが、邪魔になるかどうかは人によって異なる。

ヨモギは畑に生えると雑草だけれど、薬草としても使うし、草餅の材料にもなる。

スミレも駆除しようと思うとやっかいな雑草だけれど、春の野の花として愛でたり、俳句や詩の題材になったりもする。

その人が雑草だと思えば、それは雑草なのだ。

「それでも木はダメでしょう」と思うかも知れないが、じつは木と草の区別もはっきりしない。バナナの木というけれど、実際には、バナナは巨大な草だ。あるいは竹はどうだろう。竹が木か草かは専門家でも意見が分かれるところだ。一般的には、茎が木質化したものが木と言われるけれど、トマトやナスは冬も枯れないように温室で何年も育てると、茎が木質化して木になる。

本当は何の区別もないのに、人間が勝手に区別しているだけなのだ。

雑草かどうかも、人間が勝手に決めた区別である。だから、その生徒が雑草だと思えば、それは雑草なのである。

人間はあらゆるものにレッテルを貼って区別したがる。しかし、所詮はすべて人が勝手に決めたことでしかない。


「じゃあ、みんなが取ってきた葉っぱを机の上に並べてみて」

机の上には、さまざまな葉っぱが置かれた。

「それでは、この葉っぱを長い葉っぱから短い葉っぱの順番に並べてみよう」

机の上には、ススキのような長い葉っぱから、校庭の隅に生えた小さな葉っぱまでがきれいに並べられた。

「いいねぇ。じゃあ次は、緑の濃いものから、緑の薄い葉っぱの順番に並べてみよう」

濃い緑色から、薄い緑色に、机の上にグラデーションができていく。

私は言った。

「緑色といっても、いろんな緑があるんだね」

さあ、ここからが本番である。

「今度は難しいよ」

私は一呼吸置いた。

「今度は、大きい葉っぱから小さい葉っぱまで大きさ順に並べてみよう」

長い順と同じような気もするが、違う。長くて細い葉っぱと、横に広くて太い葉っぱがあるのだ。長い葉っぱと太い葉っぱをどちらに分けるか、子どもたちは意見をかわしている。

「難しいかな。それではこれは、どうだろう。小さい葉っぱのグループと大きい葉っぱのグループに分けてみよう」

最初のうちは、簡単そうに分けていた子も、だんだんと悩み始める。

中間くらいの葉っぱがあるからだ。

「そうだね。どの葉っぱを大きいって言うかは人によって違うんだね」

小さい・大きいという単純な分け方も、本当ではないのだ。

「なかなか難しいね。それでは、最後のミッション。今度は、『ふつうの葉っぱ』と、『ふつうじゃない葉っぱ』に分けてみよう」

もちろん、これも分けられない。そもそも、「ふつうの葉っぱ」ってどんな葉っぱなのだろう？

私は言う。

「大きい葉っぱも小さい葉っぱも、本当は並べられない。『ふつう』とか『ふつうじゃない』とかも、人間が勝手にそう決めているだけだよね。だからね。どの葉っぱが優れていて、どの葉っぱがダメなんてことはない。本当はたくさんの葉っぱがあるだけなんだ」

そして私は、こう加えた。

「だけれど、人間の脳はたくさんあるということを理解することが苦手なんだ。だから区別してみたり、順番に並べたりして何とか理解しようとする。それは人間の脳にとって仕方のないことだ。だけれどね。本当は何の区別もないし、本当は何の順位もないんだよ。ただ、たくさんのものがあるという、ただそれだけのことなんだ」

雑草はみんなそれぞれ違う。そして、みんなそれぞれ自分な得意なところに生えているということを、私は授業で説明した。

子どもたちは、私の授業をどう思っただろう。もう疲れすぎて、コーヒーを飲みたいという気にもならない。

本当に大学の授業は楽だなぁ。早く大学に帰りたい。

競うのにバランスを取って共存するのが自然界のすごさ

私がこのフリースクールで学んだのは、居場所があることの大切さだ。

自然界は多様性にあふれている。

たとえば、たくさんの種類の生き物がいる。これは「種の多様性」と呼ばれている。自然界はバランスで成り立っている。

どうしてこんなにたくさんの生き物がいるかというと、すべての生き物に居場所があるからである。この生き物の居場所は、「ニッチ」と呼ばれている。たくさんの居場所があるから、たくさんの生き物がいるのだ。そして、それぞれの生き物はそれぞれの居場所で、それぞれの役割を果たしている。こうして、生態系が作られているのだ。

種の多様性は、居場所の多様性である。

ひとり勝ちしようとするとバランスが崩れて成功しない。すべての生物が競い合って生きているはずなのに、バランスを取りながら結果的につながり合って、共存し合っているのが自然のすごいところだ。

さらにひとつの生物の中にも、さまざまな個性がある。これは「遺伝的多様性」と言われている。

常に環境が変化する自然界では、何が正解かはわからない。何が正解かわからないとすると、たくさんの答えを用意しておいた方が良い、それが「遺伝的多様性」である。

そのため、生物は答えのあるものに対しては、多様性を作らない。たとえば、タンポポの花はどれも黄色い色をしている。それは昆虫を惹(ひ)きつけるという目的においては、黄色いことが答えだからだ。人間の目は2つである。それは、目は2つが答えだからだ。

しかし、タンポポの葉の形はさまざまである。広い葉っぱが良いのか、切れ込みの多い葉っぱが良いのかに、答えがないからだ。植物によって、寒さに強かったり、乾燥に強かったり、性質もさまざまである。それは何が有利かは、ときと場合によって変わるからだ。

人間も能力や性格にはバラツキがある。それは、何が優れていて何が劣っているかの答えがないからなのだ。


自然界は多様性にあふれている。

しかし、人間は多様性を扱うことが、もともと苦手である。

たとえば、農業の世界ではできるだけ植物の多様性をなくそうと努力してきた。

植物は生き物だから、できるだけ多様性を保って、ばらつこうとする。

しかし、それでは人間は困る。ダイコンの形が長かったり、短かったり、太かったり、細かったりすると、箱に詰めることができない。値段をつけて売るときも、一本一本の値段を変えなければならない。そのため、同じ長さ、同じ形になるようにしている。多様性ある生き物なのに、まるで工業製品のようにそろった形で売られているなんて、本当に奇跡だ。

人間も生き物だから、できるだけ多様性を保って、ばらつこうとする。

それを無理やり枠に収めようとするから、はみ出す子どもたちが生まれているのだ。


キャンパス内を歩いていると、他学部の知らない先生から声を掛けられた。

「鳥海さん、最近、大会で成績がいいんですよ」

聞けば、その先生は彼女の所属するサークルの顧問の先生らしい。どうやら最近、大会で良い成績を収めているらしいのだ。

「何か、ご指導いただいたんでしょうか？」

その先生が不思議そうに聞く。

「いや、私はとにかく頑張らないように言っているだけです」

これは本当の話だ。

頑張ることも大切だが、頑張らないことも大切なのだ。

しかし、今の時代、「頑張らないこと」こそが難しい。だからこそ、「頑張らないこと」を頑張らなければならないのだ。

鳥海さんは頑張らないことの大切さを教えてくれた。そして、私の知らない彼女の活躍を伝え聞いて、私はうれしくなった。

初めて私の研究室に来たときには、ただ、うつむいて四つ葉のクローバーを探していた鳥海さんだったが、最近では彼氏もできたらしく、どこかにいそいそと出掛けていく。

そして、その後に彼女は、後輩たちから伝説と語り継がれる「ワッフルさん」として変貌を遂げるのだから、人はわからないものだ。

えっ、なぜワッフルさんかって？　それはまた別のお話である。

さて、コーヒーでも飲もうかな。

【みちくさコラム】

コロナ禍の授業

突然、あの映画『バック・トゥ・ザ・フューチャー』の音楽が流れるところから、物語が始まる。

しばらくして、緊迫に満ちた声が聞こえてきた。

「タイムマシンで未来からやってきたんですけど、皆さんは令和時代の人ですか。えっ、2020年？　……ということは、COVID-19が世界的なパンデミックを起こした年か……。そして、2020年といえば、あの東京オリンピックが……いや、これは明かしてはいけないルールだった。

日本史の年表で言うと、その年の出来事は、あの伝説の授業が行われた年として後世に伝えられている。そうか！　あれは未来からやってきた私の授業のことだったのか？」

＊　＊　＊

新型コロナウイルスが蔓延した2020年。大学の授業はすべてオンライン授業となった。

これは当時、私が用意した、ある日のオンデマンド授業のイントロである。

サークル活動もできず、友だちにも会えず、飲み会もできず、活動的な若者たちが家に居続けることを強いられていた。

私のふざけた授業で学生が笑顔になるとは、とても思えないが、「つまらん授業だ」とか「しょうもない先生だ」とオンラインでしかつながれない学生どうしのコミュニケーションの材料になればいい、そう思って私なりに工夫を凝らしてみたのである。

＊　＊　＊

別の日の授業では、「ワッフルさん」という謎の女性を登場させた。

ワッフルさんの正体はトップシークレットだが、じつは私の研究室の大学院生である。

彼女はじつは別のコースから私の研究室にやってきたので、私の授業を受けていない。単位にはならなくても良いから私の授業を受けたいと希望していたのだが、その授業もオンラインになってしまった。そこで、オンデマンド授業を録音するときに、私の隣に座ってもらうことにしたのである。

「ワッフルさんは、どう思います？」

最初のうちは、私の〝聞き手〟として授業に参加するアシスタント的な立ち位置だったはずなのだが、そのうち、ワッフルさんは本性を現わし始めた。

「みなさん、ごきげんよう。マダムワッフルざますよ」

授業だというのに、ワッフルさんがキャラを作り出したのである。

「カリスマ店員のワッフルです！」と元気よく現われたこともあったし、「今日はライス教授が遅めの夏休みですので、予備校講師のワッフルが授業をします」と、授業を乗っ取られてしまったこともある。

彼女はふだんはおとなしく見える学生だけに、その豹変（ひょうへん）ぶりに驚かされたが、ワッフルさん自身もコロナ禍でストレスが溜まっていたのだろう。毎週の録音を楽しみにしていたようだ。

毎週、毎週、違うキャラで登場するので、授業に対するレポートは、授業の内容よりも、謎の女性ワッフルさんへのメッセージが書かれるようになってきた。

「ラジオパーソナリティーのＤＪワッフルです。この番組は一切の準備なし、打ち合わせなしでお送りしています」

ワッフルさんが授業内で明かしたように、登場パターンについては、何の打ち合わせもしていない。録音を始める直前に、「今日はどうする?」と聞くと、「今回はヒッチハイカーでいきます」とワッフルさんがその日のキャラを教えてくれるのだ。

ちなみに、このオンデマンド授業は1日、2本録（ど）りである。

＊＊＊

それにしても「サンリオキャラのワッフル」には参った。

私が「今日は光合成の復習をします」と授業を始めると、いきなり、ワッフルさんのスマホから、サンリオピューロランドのパレードの音楽が流れ出した。そして、その音楽に合わせて、「復習行くよ!」と元気な声が聞こえ始めたのである。

「ここまでが光化学系IIです」

「まだまだ行くよ!」

「そしてカルビン・ベンソン回路に入ります」

「おかわり!」

こうして、にぎやかなパレードの音楽に乗って、太陽エネルギーはエネルギーとして伝達し、二酸化炭素は固定されて糖が作られていったのである。

＊＊＊

翌2021年も、対面が許可されたのは実験と実習だけで、授業はオンラインであった。

次の代の大学院生に「ワッフルさんを引き継いでやる?」と聞いたら、「やりません」ときっぱり即答された。そのため、ワッフルさんの登場は2020年の1年だけである。先輩たちからワッフルさんの噂を聞いて受講したであろう学生からは、「ワッフルさんは出ないんですか?」との不満の声も出て、私だけのオンデマンド授業はすこぶる不評であった。

まさに幻の授業だ。

ワッフルさんの正体は、今でも私の研究室に所属した学生だけが知ることのできるトップシークレットである。その後、OB会でワッフルさんの正体を知った学生は、「いっしょに写真いいですか?」とワッフルさんのまわりに集まっていた。

8

なぜナス科には「イタドリが良い」のか？
——天空の里の謎を解く

未来の教科書では、コロナが蔓延した2020年は、いったいどんな時代として教えられるのだろうか。この年、人々は常にマスクをする暮らしを強いられた。

「マスクなしでは生きられない未来」を予言したとして話題になった映画に宮﨑駿(はやお)監督の『風の谷のナウシカ』がある。この映画が上映されたのは、1984年。今から40年も前の映画だ。その頃は、まさか本当にマスクなしの未来が訪れるなんて、誰も思わなかった。

映画は、科学文明が滅んだ1000年後の物語である。

人間によって汚染された大地には毒ガスを放出する菌類によって形成された「腐海(ふかい)」と呼ばれる森が広がっている。そして、そこには人間を襲う「蟲（むし）」と呼ばれる巨大な生き物たちが独自の生態系を築いている。人々は腐海と蟲におびえながら生きている。

「風の谷」はそんな時代の辺境の村のひとつで、ナウシカはその村に住む物語のヒロインだ。

初めて観た中学生のときには、何が面白いのかわからなかったが、高校生になって見直してみると、すごく面白かった。ビデオに録画したものを何度も見返した覚えがある。

研究室で、「夏休みジブリまつり」をしたことがある。

「風の谷」の農業、人々の暮らしを農学的に考察してみる

私にとって、夏休みの扱いは難しい。

大学の夏休みは2か月もある。もっとも、研究に休みはないから、休みなく研究する研究室もある。しかし、学生にとってもっとも価値のあるものは「時間」である。せっかくの夏休みを研究に費やすのはもったいないから、私の研究室では、2か月しっかり休みにしている。

しかし、2か月間も研究から離れると、10月から大学が始まったときに、研究にもどってこられない学生もときどきいる。研究の目的は何なのか、はたまた自分は何を研究していたのか、頭からすっかり抜けてしまうのだ。

「夏休みは休みにするけれど、研究のエンジンはアイドリングしておいてね」

それが、私が夏休み前にする学生へのお願いである。

そして、私との約束を忘れないように、夏休みの間は週に1回、参加してもしなくても良いゼ

ミを開いて、研究のことを少しだけ思い出してもらうことにしている。

そのうち、誰かが、「夏休みだし、ジブリまつりやりましょう」と言い出した。

「ジブリまつり」とは、ジブリ映画を観ながら映画に登場する植物を観察・考察していく雑草研のイベントだ。

ジブリ映画は、背景が緻密に描かれているため、こんなことが可能なのだ。これなら、遠方に帰省している学生もオンラインで参加することができる。たとえば、『借りぐらしのアリエッティ』の「アリエッティの庭」や『となりのトトロ』の「サツキとメイの家の庭」の植物だけを観察していく。

そして、夏休みの最後に行ったのが「風の谷の農業」という私の特別授業だ。

意外なことに、半分くらいの学生は『風の谷のナウシカ』を観たことがある。もちろん、知らない学生もいる。「『風の谷のナウシカ』は厳密にはジブリではありません」と、やたら定義にうるさい学生もいるが、テレビのジブリまつりでもナウシカをやっている。

ジブリであろうとなかろうと、私は授業をする。なぜなら、ナウシカが好きだからだ。

特別授業では、「風の谷」という辺境の地で、どのような農業が行われ、人々はどのように暮らしているかを解説した。

科学文明が滅んだ1000年後の時代。そこには土も砂もない。人類が残した科学文明の残骸が、マイクロプラスチックのように細かくなって広大な砂漠を作っている。そして、そこに腐海が拡大しているのだ。

「風の谷」はその名のとおり、台地に刻まれた渓谷にある。そして海から陸に常に風が吹いているので、腐海の毒から守られているのだ。

台地から谷へと下っていくと村の入り口には古代ヨーロッパを思わせるような水路があり、そこから村に向かって水が流れていく。水があるので、そこから下流には植物が生えている。そして、池の底には丸い石が敷き詰められている。つまり、人の手によって作られた、溜め池だ。丸い石ということは、もしかすると海の石かも知れない。

日本では、海に面した山の南向きの斜面にミカン畑が作られる。日当たりが良く水はけの良い山の斜面は、果物を作るのに適している。しかも潮風に当たるとミカンに適度なストレスが加わり、甘いミカンができると言われている。しかし、山の斜面が崩れやすいので、石垣が作られている。このミカン畑の石垣は石が丸い。これらの石は海から山の上まで運ばれてきたのだ。人々がひとつひとつ石を運びあげて、ミカン畑の石垣が作られてきたのである。

風の谷も同じである。人々の手によって村が作られたのだ。

村の人が作り上げた溜め池や小川には、私たちにとっても身近なカエルがいたり、野の花が咲いている。それは私たちの祖先が作り上げた里山や田んぼに生き物がいるのと同じである。風の谷の花は、現代の花と少し形が違ったりするが、それは環境に適応し変異したり、進化したりしているに違いない（自分の研究テーマの雑草が遠い未来も生えていて、喜んでいる学生もいる）。

雨の多い日本では、このような台地地形の斜面には、水が湧き出る層がある。そのような、水が湧き出た下流には棚田が拓かれていく。

しかし、風の谷ではそうはいかない。

ブドウを栽培しているところから推察すると、この地域は雨が少ない。

ブドウは今でこそ高級フルーツだったり、高級ワインの原料になるなど、商業的な作物だが、もともとは砂漠に暮らす人々の暮らしを支えた作物である。乾燥地で育つブドウは、砂漠に暮らす人々にとっては水の代わりとなり、干しぶどうは食べ物が乏しい砂漠で貴重な食糧となったのである。

風の谷のような食糧に乏しい地域が、ワインで儲けていたとは思えない。おそらくブドウは風の谷で得られるわずかな食糧だったのだ。実際に王族であるナウシカの食事のシーンでも、食べているものは質素である。

風の谷は台地地形であるが、豊かな湧き水があるとは思えない。仮に台地の上に雨が降ったとしても、汚染された大地を透過してきた水を利用することはできない。そこで、風の谷では村の一番低いところに建てられたお城の地下から水をくみ上げている。

しかし、水は上から下にしか流れない。それでは、どのようにして、高い位置に運べばよいのだろうか。

じつは、風の谷には、いくつもの風車が回っている。おそらくは風の力を利用して水を上へ上へと運んでいるのだろう。このような仕組みは、アメリカの開拓時代に見られる揚水風車と同じ仕組みだ。

じつは私の大学の学生街があるエリアも、昔は水田地帯だった。しかし、水が少ないので風車で地下水をくみ上げて水田に入れていたらしい。まさに風の谷と同じ仕組みだ。

作物を育てる農業にとって、水は命である。

水は上から下にしか流れない。

日本でも、上から下に水が流れるというたったこれだけの仕組みで、すべての田んぼに水が流れるように設計されている。平野に広がった田んぼの一枚一枚、山の斜面に築かれた棚田の一枚一枚に、もれなく水が流れるように設計されているのだ。

もちろん日本にも、風の谷のように下から上へと水が流れる場合がある。そもそも、川の水は村よりも低いところを流れている。そのため、川が近くにあったとしても、上流の高い位置から村に水路を敷いたり、水をせき止めて水位を高くしたりしなければならない。

あるいは、畑より低い位置を流れる川から、水車を利用して水をくみ上げる。また江戸時代には、水源より低い位置を通って、反対側の高い位置に水を運ぶ「逆サイフォン」が広く使われていた。この仕組みは、海外では紀元前に作られたローマ水道で用いられており、日本でも飛鳥(あすか)時代にはすでに知られていたという。水を通して農業をすることは、大変なことなのだ。

風の谷では、土も石もない環境の中で、人々は石垣を積み上げ、水を引き、畑を作ってきた。こんな村づくりは簡単にできるものではない。何世代にも何世代にもわたって、途方もない歳月を掛けて人々が作り出してきたもの、それが風の谷の村の風景なのだ。

この風景に、感動できないはずがない。

「風の谷の風景って、涙なしに見られないよね」

90分間の講義をひと通り熱く語り終えた、私のシメのコメントだ。ふと我に返ると、学生たちがポカンと口を開けている。

そう、ここまではオープニング曲の背景に流れる冒頭のシーン。まだ、物語は始まっていないのだ。

私は言った。

「私のことはキモいと思っても、風の谷のナウシカは嫌いにならないでね」

かくして、雑草研の夏休みは終わりを告げたのである。

農業の時間軸で見れば1000年後は〝ほんの先〟

ところで、『風の谷のナウシカ』は、どれくらい未来の物語だろうか。

ナウシカを知っている学生に聞くと「1000年後の未来じゃないですか」と答えた。

これは不正解。「今」から1000年後ではない。

「科学文明が滅んで」から1000年後の物語である。

物語の中では、産業革命が起こってから1000年で人類の科学文明はピークを迎え、滅んだと言われている。産業革命が起こったのは、18世紀から19世紀である。つまり今から200年ほど前である。そうすると科学文明が滅ぶのは、西暦29世紀頃のことと考えられる。文明が滅んでから1000年後のお話ということは、つまり、西暦39世紀、およそ1800年後の出来事なのだ。

さらにいえば、〝昔むかしにこんなことがありました〟と、タペストリーで言い伝えられているお話である。つまり、ギリシャ神話や古事記のように、ナウシカの伝説が語り継がれているのだ。ということは、物語が語られているのは、さらに1000年経った西暦49世紀頃の話となる。

これは、今から2800年後という途方もない未来なのである。

「1000年後のダイコンはどうなっていると思うか?」

農耕の起源の授業の最初に、こんな課題を学生に出したことがある。

タイムマシンで時代を超え、どこでもドアで移動するドラえもんが22世紀のお話である。つまり100年あまり先の未来だ。

それに比べれば、1000年後というのは、途方もない未来である。

「ダイコンが畑から勝手に歩いてきて収穫できる」とか「就活のためのエントリーシートを書いてくれるダイコン」など、まさにドラえもんの世界の答えが出たかと思えば、「今と変わらない」というつまらない答えもある(何と冷静なんだろう……)。

ただし、この答えも、じつに正しい。

1000年後というと途方もない未来に思えるが、1000年前と考えると、日本では平安時代である。

ダイコンは平安時代よりも前の奈良時代に日本に伝えられた。その後、品種改良が加えられ、さまざまな品種が作られたが、おそらくは平安時代もダイコンはダイコンである。現代のダイコンと、そんなに劇的に変化しているわけではないのだ。

1000年後は途方もない未来のように思えるが、農業の時間軸であれば、少し先の未来である。

私たちは地球の未来を語るときに、1000年先の子孫にも思いを馳(は)せてもいい。

じつは私たち人類は、空間を超えて宇宙の果てまで行くことができる「どこでもドア」と、1000年先まで行くことのできる「タイムマシン」を持っている。

それこそが、人類の持つ「想像力」である。

人間の脳は、遠い宇宙の果てのことも、遠い1000年先のことも、想像することができるのだ。

なぜ「イタドリが良い」のか？

四国の山里の中には、「平家のかくれ里」と呼ばれる場所がある。

瀬戸内海で源平の合戦が繰り広げられたのは、およそ800年前。そこで敗れた平家の落ち武者たちが、山深い場所に逃げ込んで、隠れ住んだという。

この地域は、「にし阿波（あわ）の傾斜地農耕システム」の名称で世界農業遺産に認定されている。世界農業遺産は、次の世代に残すべき伝統的な農業を国連が認定するものである。

急峻（きゅうしゅん）な傾斜地に位置する村々では、山の斜面に畑が築かれて、伝統的な農業が営まれている。

この伝統的な傾斜地農業で盛んに行われているのが、「刈り敷き」である。

「刈り敷き」は、刈り取った草を田畑に敷く伝統農法である。

刈り敷きの歴史は古い。

記録に残るだけでも、平安時代にはすでに行われていたことが記されている。つまり、1000年前の農法だ。

また、一説では弥生時代頃には、刈り敷きが行われていたという考えもある。弥生時代といえばおよそ2000年前のことである。

〝天空の里〟では、この刈り敷きの技術が今の時代に伝えられているのだ。

草を敷くことには、いくつかの意味がある。

ひとつには草を敷き詰めることで、雑草を抑える効果がある。

また、保水の効果もある。土壌の表面を覆うことで、土が乾くのを防ぐのだ。

あるいは保温の効果もある。冬の間は、霜を防いだり、寒風を遮断して土の中を暖かく保つことができるのだ。さらには、草が分解すれば肥料になるという効果もある。

もっとも現代では、雑草を抑えるだけであれば除草剤もある。保水や保温をするのであれば、ビニールマルチ（ビニールやポリエチレン製のシート）で畑を覆う方法もあるし、化学肥料もある。

そのため、今では刈り敷きのような古臭い農法は、ほとんど行われていない。

しかし、どうだろう。

除草剤は環境への影響はゼロではないし、ビニールマルチは破片が土に残ると分解されることなくマイクロプラスチックなどの環境汚染の原因となる。あるいは除草剤やビニールマルチを製造するのにも、多大な化石エネルギーを必要とする。

こんなことを、あと1000年先も未来永劫、続けることができるだろうか。

そのため近年では、「持続可能性」という言葉が重要視されている。

伝統的な技術は、古臭いようにも思えるが、すでに何百年も、あるいは1000年以上も繰り返されてきた。

持続可能性という点では、伝統的な技術の方が、ずっと優れているのだ。


TEKという言葉がある。

TKG（卵かけご飯）ではない。

TGC（東京ガールズコレクション）でもない。

TEKはTraditional Ecological Knowledgeの略である。日本語では、「伝統的な生態学的知識」と訳されている。

人々は、大昔から自然の中で、自然の恵みを活用して生きてきた。その中から生み出された技術は、自然の中で生きる知恵にあふれている。

そんな伝統的技術の優れた点を見直し、学ぶべきは学ぼう、という考え方が、TEKなのである。

草を刈り、畑の中に敷く作業は簡単ではない。

それなのに、どうしてこの地域では、今も刈り敷きが行われているのだろう。

じつは、傾斜地の畑に草を敷くことには重要な意味がある。

草で表面を覆うことで、土が崩れたり、雨で流出したりするのを防ぐ効果があるのだ。こうしてこの地域では、草で覆うことで畑の土を守ってきたのである。

天空の里のある地域は、中央構造線という巨大な断層が通っている。断層運動によって作られた山は、崩れやすくもろい地質である。そのため、土を守ることが必要なのである。

ただし、私にはわからないことがあった。


この中央構造線は、紀伊半島を横断し、中部地方の山岳地帯に延びている。

そして中央構造線が通る中部地方の山岳地帯では、まったく別の「土を守る」農法がある。

その農法は、「掘りごみ」と呼ばれている。掘りごみは、草を表面に敷くのではなく、草を土の中に埋め込む方法だ。

掘りごみの作業は、まず土を40～60センチの深度で深く掘り、掘った溝の底に山で刈ったススキやワラビを敷いていく。そして、掘った土をその上に戻し、また埋めていくのである。

掘りごみをした畝(うね)の深いところには、草の層が埋め込まれている。草の層があると排水が良くなり、雨水が沁(し)みこみやすくなる。そして沁みこんだ雨水はこの草の層を通って、下へ流れていくのである。こうして地表に降った雨水が土の中を流れていくことで、畑の表面を雨水が流れるのを防ぐことができる。掘りごみは、急な山の斜面で大切な畑の土が流出するのを防ぐ効果があると考えられている。

こうして、掘りごみは、土の中に草を埋め込むことで、土を守るのである。

どうして、同じ傾斜地なのに、草を埋める農法と、草を敷く農法という違いがあるのだろう。

土は生き物の死がいでできている

私は、天空の里に出向いて、不思議なことに気がついた。

地元の人たちの話では、日なたの畑と日かげの畑では、日かげの畑の方が良いと言われているのだ。

作物を育てるには、日当たりが良い方がいいはずなのに、どうして日かげの方が良いと言われているのだろう。この地域の表土は、石が細かく砕けて形成されている。日当たりが良いと石が温められて膨張し、砕けやすくなる。そして、風化して崩れやすくなるのだ。

おそらくは、そのために日かげの方が良いと言われているのである。

そして、人々は小石で形成された表土の上に、草を敷き続けてきた。何年も何十年も何百年も草を敷き続けてきた。そうすることで、人々は土を作ってきたのだ。

「土」は当たり前のようにあるものと思うかも知れないが、そうではない。

土は有機物である。つまりは動物や植物など生き物の死がいなのだ。

植物が枯れ、動物が死ぬと、その死がいは微生物によって分解されていく。そして、土が作られていくのだ。

厚さ1センチの土が作られるのに、およそ100〜400年を有すると言われている。

土は当たり前にあるわけではない。

今、世界の農地では化学物質によって劣化した土壌の流出が問題になっている。そして、豊かな土を失った大地が砂漠化し、世界の農地が失われているのである。土もまた限りある資源なのである。

掘りごみは雨の多い地域で土が流れないようにする「土を守る農法」であった。

そして、この天空の里の地域は雨の少ない瀬戸内式気候に位置づけられる。刈り敷きはおそらく、雨が少なく、土の少ないところで強い日光から土を守り、「土を作る農法」だったのである。

古くから行われてきた「刈り敷き」で用いられるのは、ススキやヨシなどの大型のイネ科の植物である。ただしヨシは湿地に生えていて刈りにくいので、よく用いられるのは、ススキである。ススキなどのイネ科植物は「かや」と呼ばれている。かやぶき屋根に用いられているのも、この「かや」である。

天空の里でも、刈り敷きに一般的に用いられるのは、ススキである。

ところが、である。

天空の里には、古くからの奇妙な言い伝えがある。

それは「ナス科の作物を育てるときにはイタドリが良い」というものだ。

イタドリは、タデ科の雑草である。

ナス科の作物を育てるときには、どういうわけかススキではなく、イタドリが良いというのである。

どうして、ススキではなく、イタドリを使うのだろう?

どうして、ナス科だけなのだろう?

私はこのテーマを「ザッソウカフェ」に出してみることにした。

荒れ地を好み、都会では線路際などに生えるイタドリ。
写真：GYRO PHOTOGRAPHY / イメージマート

【みちくさコラム】

ザッソウカフェ

私の研究室には「ザッソウカフェ」と呼ばれる時間がある。いや、本当は「ザッソウカフェ」という時間しかない、と言ってもいい。

ザッソウカフェは週に一度、研究室のメンバーで集まって1時間コーヒーを飲むという時間だ。

最初は自由参加にしていたが、研究室では、みんな忙しそうに自分の作業をしていて、暇を持て余している私のことを誰も相手にしてくれない。そこで、教授の特権で強制参加にした。

＊＊＊

理系の研究室は「コアタイム」を持つ部屋が多い。

コアタイムというのは、研究室にいなければならない時間のことだ。たとえば、平日10〜16時までがコアタイムというように決められている。しかし、サラリーマン経験がある私の本音は「どうせ社会に出たら、就業時間に縛られて働かなければならないのだから、学生のうちは好きな時間に好きなように研究をすれば良い」――だ。

かくいう私も、学生時代に属していた研究室では何の拘束もなかったから、朝6時の涼しい時間に畑やビニールハウスで作業をし、いったん下宿先に帰って、計測機械が空く夜の8時くらいに研究室に出掛けて分析をする――というカブトムシと同じような生活をしていた。

私の研究室の学生たちもまた、好きな時間に来て好きなように研究をしている。

ただ、金曜日の10〜11時は、教授といっしょにお菓子を食べながらコーヒーを飲む「コーヒータイム」だけが、「コアタイム」として義務づけられているのである。これが「ザッソウカフェ」だ。

私の研究室への分属を希望する学生に、「私はコーヒーを飲めないのですが、どうすればいいですか？」と真面目に質問されることもあるが、もちろん、コーヒー以外にも、紅茶やジュースが用意されている。

この時間は、たわいもない雑談をする。

＊＊＊

本来は、「教授とコーヒーを飲む時間」だが、学生たちは私の存在など見えていないかのように、自由におしゃべりする。アイドルやアニメ、ゲームの話をしている。そして、ときどき、研究の話をしたりする。上手くいっていないところを先輩に相談したり、友人にアイデアを求めたりするのだ。何でも言い合えるので、下級生が思うままに意見することもある。私や上級生がさんざん悩んでいるところに、下級生の何気ないひとことが問題解決への糸口になってしまったり、下級生の何気ない質問が本質をついていて、誰も答えられなくて考え込んでしまうこともある。本当に大切な意見というものは、何でも言い合える雑談の中から生まれてくるのがわかり、はた目に見ていて本当に面白い。

もちろん、授業として行われているゼミでも、学生たちは活発に意見を出し合うが、やはりこのカフェタイムの雰囲気にはとてもかなわない。

ゼミでは何となくまともな意見を言わなければならない雰囲気になるが、カフェタイムではくだらないと思われるアイデアやつまらないと思われそうな意見も言うことができる。じつは、優れたアイデアの原石というものは、そんな雑談の中にあるものなのだ。

教授である私が話し合いたいテーマを決めておいたのに、アニメとゲームの雑談だけで与えられた1時間が終わってしまうことも多い。

もっとも、雑談だけでカフェタイムが終わるときは、研究室がうまく機能しているときでもある。私にとってザッソウカフェは、研究室が上手くいっているかどうかを計るバロメーターでもあるのだ。

＊＊＊

ちなみにザッソウカフェは、「雑草カフェ」ではない。「雑相カフェ」である。

「ホウレンソウからザッソウへ」

これは私が親しくしている倉貫義人さんが、その著書『ザッソウ 結果を出すチームの習慣』（日本能率協会マネジメントセンター）の中で、提唱していることである。

ホウレンソウは、「報・連・相」、つまり報告と連絡と相談のことである。それでは、この報告・連絡・相談の中でもっとも大切なものは何だろう。

報告と連絡は過去のことである。相談は、これからの未来のことである。だから、相談がもっとも大切だと倉貫さんは言う。そして、その相談を雑談混じりで気軽にできる「雑な相談」すなわち「ザッソウ」が大事だというのだ。

私はこの「ザッソウ」が気に入っていて、「ちょっとザッソウできる？」「明日、ザッソウしてもいい？」と喜んで使っている。

海外の研究所に行ったときに、朝10時になるとコーヒータイムがあって、研究者が集まってコーヒーを飲みながら談笑していた。そして、研究の話をディスカッションしたりするのだ。

私はそんな雰囲気にあこがれていた。しかし、ディスカッションという言い方は、あまりに堅苦しい。そこで、倉貫さんの考え方も取り入れて、「ザッソウカフェ」を開くようになったのである。

＊＊＊

放っておくと、カフェタイムは雑談で終わってしまうことが多いので、私も含めて、個々の研究テーマについて研究室のメンバーに相談したいことがある場合は、事前にザッソウするテーマを申し出ることになっている。

実際に「ザッソウカフェ」は、アイデア出しの場として使われることが多い。

もちろん、この限られた時間の中で大切なことが決まるというケースは、ほとんどない。

しかし、気軽にアイデアを出し合えたり、ディスカッションしやすい雰囲気が作られる。

また、ひとりで行き詰まっているときに、色々なアイデアを聞くことで、自分の頭の中が整理されてくる。そして、行き詰まっていた壁をブレイクスルーすることができるのだ。そのため、他の人からのアイデアが採用されるというよりも、ザッソウカフェを行うことで、悩んでいた本人の中に良いアイデアが生まれるということが多い。

これは、教員である私にとっても同じである。

そのため、私もアイデアが行き詰まるとザッソウカフェに助けを求める。学生たちの他愛もないアイデアを聞いているうちに、凝り固まっていた自分の頭がほぐされる。そして、自分の頭の中に良いアイデアが浮かんでくるのだ。何を隠そう、この本の構成も、そうして生まれたものだ。

＊　＊　＊

しかし、ザッソウカフェを効果的に運営するには不可欠なものがある。

それは、「くだらないことを何でも言い合える雰囲気」である。

ビジネスの場では、アイデア出しはブレインストーミングなどの手法で行われることが多いが、「アイデアを出す」目的を意識しすぎると、飛び抜けた良い意見は出にくい。良いアイデアというものは、雑談を言い合える雰囲気の中からこそ、生まれ出てくると思うのだ。

だからこそ、「ザッソウ」であることが、大切なのだ。

もしかすると昭和の時代であれば、その役割は飲み会だったのかも知れないが、私の経験では飲み会でどんなにいいアイデアが出ても、次の朝には忘れている。そのため私は、飲み会の席にメモ帳を持ち歩いていたが、後から見ると何が書いてあるか文字が読めないことも多いし、しょせん飲み会のときに盛り上がったアイデアは、シラフで見返すと大したことはない。アイデアを出したり整理するという点では、アルコールはあまり役に立たないのだ。

9

ナスとトマトとジャガイモと
——2人の女子学生が謎を解いた！

さぁ、コーヒーとお菓子を用意したら、ザッソウカフェのスタートだ。

「どうしてイタドリなんですか？」

私が四国の農法の話をすると、さっそく学生たちが聞いてきた。

「いやいや、クイズ出しているわけじゃないよ。本当にわからないから相談しているんだよ」

「どうして？」という質問には2つの意味がある。それが「Ｗｈｙ（何のために）？」と「Ｈｏｗ（どのように）？」だ。

この場合、「何のために？」は明らかだ。それはナスに良い効果があるから、である。

生育が良くなるのか、病害虫が少なくなるのか、どのような効果があるかは調べてみないとわからないが、ナスに何らかの効果があることは間違いないだろう。

と思っていたら……。

「ススキが足りないから、イタドリで代用したんじゃないですか？」という意見が飛び出した。

なるほど、積極的にイタドリを使っていたのではなく、仕方なくイタドリを使っていたというわけだ。そうだとすると、「ナスはそんなに大切な作物ではないから、ナスにススキを使うのはもったいない。ナスにはイタドリを使いなさい」という意味にも取れる。

この発想、私にはまったくなかった。

やはり、たくさんの頭で考えるというのは、すばらしい。

ポンコツ教授の〝役目〟と〝絶対的ルール〟

さて、わからないのは、「どのように？」だ。

イタドリはどのような作用でナスに影響を及ぼすのだろう。

「地温じゃないですか？　ススキとイタドリでは、地温の保温効果が違うとか」

「確かに！　ありうる！」

「イタドリから滲出（しんしゅつ）するアレロパシーが関係しているかも知れませんよね」

「すごくいいアイデアだね！　どうやって確かめたらいいんだろう？」

こうやって、意見をどんどん引き出していく。

「クロロフィルが関係しているんじゃないですか？」

ときどき、突拍子もないと思える意見も出るが、とりあえず「ありうるかも！」と言っておく。

アイデアは一度、広げておいてから、次の段階で集約する。アイデアを広げたい段階では、絶対に否定してはいけないのがルールだ。

しかも、私たちは答えのない問題の仮説を立てている。クロロフィルが関係していないと誰が言い切れるだろうか。

そして、私はできるだけ意見を言わない。

高校までであれば、先生が答えを知っている問題が出題される。入試であれば、受験生たちは出題者の意図を読んで答えを導く。しかし、大学は違う。大学は答えのない問題を自分で作り、自分で解く場である。しかし、受験勉強を経験してきた学生たちは答えのある問題を解くことに慣れすぎている。

私は研究室では威厳も何もないポンコツ教授だが、それでも学生からしてみれば一応、「先生」である。

先生に忖度したり、先生の意見を鵜呑みにするような学生はいないかもしれないが、それでも教授が意見すれば、いかにもそれが正しそうに思われてしまう。そして知らず知らずのうちに、自由なアイデアが出にくくなってしまうのだ。

私がすべきことは、とにかく学生ひとりひとりのアイデアを引き出すことだ。

そのため、私はとにかく何でも質問する。

「どう思う?」「何かない?」

次々に意見を言う学生もいれば、口数少なく、じっと深く考える学生もいる。

学生を見渡しながら、すべての学生たちのアイデアを引き出すのが、私の役目である。とても、自分の意見を言っているヒマはないのだ。

リクルートスーツに原付バイクでビニールハウスへ

イタドリの謎に挑戦することになったのは、空名（そらな）さんである。

空名さんは、ザッソウカフェではじっくりと考えるタイプである。口数は少ないが、しっかり者で、研究室では他の学生から頼りにされるお姉さん的存在だ。

空名さんは、花の好きな女子学生だ。花が好きだと聞いていたから、てっきり花の研究室に行くものだと思っていたら、どういうわけか、雑草研にやってきた。何でも雑草の花を研究したいと思い立ったらしい。

もちろん、雑草の中にも花のきれいなものはある。

そもそも雑草は、もともと園芸植物だったものも少なくない。

たとえば、ハルジオンやセイタカアワダチソウも、もとは園芸植物として日本に持ち込まれたものが、逃げ出して雑草化した。

このような雑草はエスケープ雑草と呼ばれている。エスケープは「脱出」という意味である。

いる。

よく授業中に後ろの扉から授業を抜け出る学生がいるが、この行為もまたエスケープと呼ばれている。

ちなみに、教壇というのはじつにうまくできていて、学生が身をかがめながらエスケープするようすは、教壇からは丸見えである。また、本を立てて寝ていたり、机の下で内職（他の勉強）しているようすも、すべて見渡せる。私も学生のときは、隠れて弁当を食べたりしていたが、きっと先生は気づかないふりをしてくれていたのだろう。

空名さんはエスケープするような学生ではないが、エスケープした雑草に惹かれて研究をするつもりだった。それがどういうわけかナスの研究をすることになったのである。

空名さんは、花を愛するロマンチストである。

くわしい理由を本人から聞いたことはないが、どうやら、昔から伝わるイタドリの謎にロマンを感じたようだ。

しかし、実際の研究は、ロマンとはほど遠い地道な作業の連続である。それでも、空名さんの頑張りはすごかった。

私の研究室がある大学の農場は、大学のキャンパスから20キロも離れている。しかも、ナスの栽培時期は就職活動の時期と、完全に重なる。空名さんはいつも、リクルートスーツに身を包みながら原付バイクでやってきて、暑いビニールハウスの中で調査していた。本当に頑張り屋だ。

そして苦労の末に、ついに調査の結果が出た。

じつは、イタドリを被覆しても、ナスの成育が良くなったり、収量が増えるような結果は得られなかった。

しかし、である。

イタドリを被覆すると、ナスの糖度（糖の含量）が高まる結果が得られた。

それだけではない。

イタドリによって、ナスの皮もやわらかくなる効果が認められたのだ。

つまり、イタドリの被覆には、ナスを美味しくする効果があることが、明らかとなったのだ。

こうして、ついにイタドリの謎は解き明かされた。

「謎は解けた！　これで事件は解決だ！」

私は名探偵を気取って言った。

この研究ではイタドリの効果が確かめられただけなので、メカニズムの解明はこれからの研究課題である。ただし、空名さんが色々と実験をしてみると、イタドリを被覆するのではなく、水で抽出した抽出液を土壌に噴霧しても同じような効果が得られたから、おそらくはイタドリの持つ何らかの成分が関係しているのだろう。

イタドリはシュウ酸を多く含むシュウ酸植物だから、もしかするとシュウ酸が関係しているのかも知れない。もちろん、イタドリが持つ他の成分が関係している可能性もある。

また、空名さんはイタドリの体内に植物と共生するエンドファイトと呼ばれる内生菌を発見した。空名さんの実験では、エンドファイトと共生しているイタドリの方がやや効果が高いようだ。エンドファイトと共生することで、イタドリのシュウ酸や有効成分が高まるのかも知れない。メカニズムについては、まだまだわからないというのが現状だ。

しかし、いずれにしても、ナス栽培のイタドリは、ナスの品質を高めるためのものだったのだ。

「これで事件は解決だ！」

私は確かめるように再び、そう言うと、冷め切ったブラックコーヒーを飲み干した。

次なる名探偵はトマト好き

「しかし、先生」

空名さんが煮え切らないようすで言った。

「糖度が高いって、ナスにとってそんなに大切ですか？」

「それはそうだけど……」

ミカンやイチゴなどのフルーツでは甘さが求められるが、ナスにとって糖含量が高いことは、そんなに重要視されない。

「それに……」

「何？　空名さん」

もうコーヒー飲み切っちゃったよ……。

「厳しい環境で農業をしてきた人たちにとって、ナスの品質って、二の次じゃないですか？」

「うーん」

私は唸（うな）ってしまった。

天空の里は、山間地の傾斜地で農耕をしてきた地域である。少しでも食べ物が欲しいはずだ。収量が増えるのであればともかく、品質を高めることがそんなに重要だとは思えない。

私は二の句が継げなくなってしまった。


疑問を残して卒業した空名さんを引き継いで、この謎に挑戦したのが、津辺（つべ）さんである。

津辺さんは、トマトをこよなく愛するトマト好きな学生だ。しかし、どういうわけか、雑草研にやってきた。

津辺さんは頭のやわらかいアイデアマンで、次々にアイデアが出てくるタイプだ。

イタドリの言い伝えに対する津辺さんのアイデアはこうである。

「ナス科の作物って、ナスのことなんですか？」

そうだった。ナスではなく、ナス科だった。私が聞いた言い伝えは「ナス科の作物を育てるときは」だったのである。

実際に、天空の里ではナスを栽培するときにイタドリが用いられている。しかし、それは現代の話である。伝統的にナスに用いられていたのかどうかは、定かではない。

津辺さんの言うとおり、ナス科には、さまざまな作物があるではないか。


そういえば……。

私には思い当たるナス科の作物があった。

ナス科の作物の真実

四国の天空の里の地域は、中央構造線が通っている。

中央構造線は、九州、四国を横断し、紀伊半島を抜けて、中部地方の山岳地帯を通って関東地方へと延びていると考えられている。

この中央構造線沿いの地域には、ある共通点がある。

ひとつは、パワースポットが多いということだ。

たとえば九州の阿蘇山（あそざん）や宇佐（うさ）神宮、天岩戸（あまのいわと）神社、四国の石鎚山（いしづちさん）、近畿南部の高野山（こうやさん）、伊勢（いせ）神宮、中部地方の豊川稲荷（とよかわいなり）、秋葉（あきは）神社、諏訪（すわ）神社、関東の鹿島（かしま）神宮など、名だたるパワースポットがすべて中央構造線沿いに分布している。一説には中央構造線沿いは磁場が少ないことが影響しているのではないかとも言われている。

もうひとつの共通点は、古くからナス科作物であるジャガイモを栽培しているということである。

ジャガイモは南米のアンデス原産の野菜である。やがて南米からヨーロッパに伝えられ、ヨーロッパで栽培されるようになった。その後、保存の利くジャガイモは、船乗りの保存食として用いられたのだ。

そして、ヨーロッパから日本にやってきた南蛮船に積まれていたジャガイモは、戦国時代の終わりから江戸時代の初め頃に掛けて、日本に伝えられたのである。

しかし、同じ時期に伝えられたサツマイモやカボチャが日本に広まっていったのに対して、ジャガイモは広がらなかった。サツマイモやカボチャは甘味があるのに対して、ジャガイモの味は淡泊で日本人好みではなかったのである。

ジャガイモが日本に広まったのは明治時代以降である。ジャガイモは、肉の脂に良く合う。そのため、文明開化で肉食が行われるようになってから、肉じゃがやカレーライスなど、日本食の中にジャガイモが取り入れられていったのである。

しかし、である。

中央構造線沿いには、おそらくは戦国時代や江戸時代の昔からジャガイモが栽培されている。古くから栽培されているジャガイモは「在来のジャガイモ」と呼ばれている。

たとえば、長野県の中央構造線に沿った地域では、「清内路黄いも」や「下栗芋」と呼ばれる在来のジャガイモが今に伝えられている。静岡県の山間地では「水窪じゃがた」や「おらんど」という在来のジャガイモがある。「おらんど」はオランダから伝わったことに由来する名前だ。また、山梨県には「つやいも」や「ねがた」「落合芋」があり、中央構造線の末端に位置すると考えられる奥多摩地域では、「おいねのつるいも」や「治助芋」と呼ばれる在来のジャガイモがある。

こうして山間地では、昔からジャガイモ栽培が行われてきたのだ。

そして四国の天空の里では、「ごうしゅいも」と呼ばれるジャガイモが伝えられている。白い芋と赤い芋があるので、白旗の源氏と赤旗の平家になぞらえて、現在では「源平芋」という名前で商品化されているものだ。

そもそも、どうして、これらの地域では、ジャガイモが栽培されてきたのだろう。

激しい断層活動のあった中央構造線沿いの地域は、山が険しく、急峻な斜面で農業が行われているという共通点がある。また、砂利の多い斜面は崩れやすく、表土は浅く、土もやせている。

これらの地域では、田んぼを拓いてイネを作ることは難しい。一方ジャガイモは、もともとアンデスの山間地原産なので、冷涼でやせた土地でよく育つ。そして、山間地のやせた土地で、貴重な食糧として栽培され続けてきたのだ。

イタドリがジャガイモの弱点を補うすごいワザ

伝統的な農業において、重要だったナス科作物は、ジャガイモだったのではないか？

そしてイタドリは、ジャガイモ栽培に用いられていたのではないか？

これが私と津辺さんが導き出した仮説である。

津辺さんも、キャンパスから離れた大学の農場に、足繁(あししげ)く通って、データをとり続けた。

どうやら津辺さんは、いつも彼氏の車でやってきて、調査が終わると彼氏の車でどこかに出掛けていくようだ（こんな地味な調査に付き合ってくれるなんて、本当にいい彼氏だなぁ……）。

こうして、津辺さんが調査した結果、すごいことが判明した。

じつは、イタドリは、ジャガイモの連作障害を軽減する効果があったのである。

「連作」とは、同じ場所で、同じ種類の作物を連続して栽培することを言う。ナス科の植物は、連作すると生育不良になったり病気になりやすくなる「連作障害」と呼ばれる症状が起こりやすい植物として知られている。

ジャガイモは特に連作障害が出やすい作物として知られている。そのためジャガイモを栽培するときには、毎年、圃場(ほじょう)を変えてローテーションをする必要があるのだ。

一方、ジャガイモは春に種芋を植え付けて初夏に収穫する「春植え栽培」と、秋に植え付けて冬になる前に収穫する「秋植え栽培」がある。ジャガイモは年に2回、作ることができるのだ。そのため、ジャガイモには「二度芋」という別名がある。

しかし、連作障害があるから、同じ圃場に栽培することはできない。

しかも山間地は、耕作できる畑の面積が限られている。もし、同じ圃場でジャガイモを連作することができたら、それだけ食糧を確保することができる。

津辺さんの調査によれば、イタドリを被覆するとジャガイモの連作障害が軽減され、芋の収量を確保することができるという。

これは、農地の限られた山間地の伝統農業にとっては、とても価値あることだ。

「そういえば……」と私は津辺さんの調査結果を見て、思い当たることがあった。

すでに紹介した「掘りごみ」という伝統農法は、土を深く掘って草を敷き、掘った土を戻して埋めていく。このとき、土の上下が逆になるように、天地返しで埋め戻していくのである。

この方法であれば、地面の下の土と上の土が入れ替わって、畑の表面の土はすべて新しくなる。そのため、連作障害を回避して、毎年同じ土地でジャガイモを育てることができそうだ。

つまり、四国のイタドリを利用した伝統農法は、ジャガイモの連作障害を軽減する山里の知恵だったのである。

こうして、ついにイタドリの謎は解き明かされたのだ。


「謎は解けた！　これで事件は解決だ！」

私は冷め切ったブラックコーヒーを飲み干した。


大いなる謎を解決して私が悦に入っていると、津辺さんが、やってきた。

「先生！」

「えっ。まだ、何かあるの？　もう解決したよ」

津辺さんはアイデアマンである。きっとまた、何か思いついたに違いない。

私は嫌な予感がした。

もうコーヒー飲み切っちゃったよ……。


「ミニトマトだったら、すごくいいじゃないですか！」

「先生！　私、イタドリはトマト栽培に使えると思います」

津辺さんは、本当にアイデアが豊かだ。次から次へとやりたいことが湧いてくる。

「そういえば、津辺さんは、トマトが好きだったね。でも、そんなに無理やりトマトと結びつけなくても大丈夫だよ」

「そうじゃないです」

津辺さんが言った。

「イタドリは、ナスの糖度が高まって、皮がやわらかくなるんですよね」

「そうだけど」

「それって、ミニトマトだったら、すごくいいじゃないですか！」

「なるほど！」

トマトは糖度が高いことが求められる。

トマトの糖度を高めるためには、水やりを制限することが効果的である。

水をやりすぎると、水っぽいトマトになってしまう。水分を少なくすることで甘味を凝縮することができるのだ。

しかし、問題がある。

水やりを少なくして糖分を凝縮しようとすると、果実が締まって皮が固くなってしまうのだ。

糖度を高めようとすると皮が固くなる。皮をやわらかくしようとすると、糖度が下がってしまう。

糖度と皮のやわらかさを両立させることは、難しいのだ。

しかし、どうだろう。

イタドリには、糖度を高めて、皮をやわらかくするという両方の効果がある。

そして何よりも、トマトは「ナス科の植物」なのだ。

イタドリを使えば、糖度が高く、皮のやわらかいトマトが作れるのではないか。

これがトマト好きの津辺さんのアイデアなのである。

トマト栽培への実用化を見越して、津辺さんは、イタドリを被覆するだけではなく、イタドリをペレット状にした資材や、抽出液を噴霧する処理も試してみた。

その結果は、期待どおりのものであった。

残念ながら、皮をやわらかくする効果は明確ではなかったが、皮を固くすることなく、糖度を高める効果が認められたのである。

津辺さんは、糖度を増して甘くなったトマトを存分に食べることができて、ご機嫌だ。

「彼氏にも、甘いトマトを持っていってあげてね」

私は、できるだけさりげなく言った。

彼氏に送り迎えさせていたって、先生はちゃんと知っていたんだぞ。

「ちなみに、先生……」

津辺さんが言いにくそうに切り出した。

「私の彼氏って、折田くんだって知ってました？」

「えーっ‼　研究室の後輩と付き合ってたの‼」

「雑草研の人は、みんな知ってますよ。先生ってやっぱり鈍いんですね」

何はともあれ、こうして天空の里で伝えられてきた伝統農法は、新しい技術として、新たな価値を見出したのである。

「先生！」

津辺さんが言う。

「まだ、何かあるの？」

あぁ、もうコーヒーが飲みたい。

「なすかの作物って、もしかしたら、ナス科じゃなくて、『ナスカの作物』かも知れませんね」

「ナスカって、あの地上絵で有名な？」

良かった、こんどは単なる冗談のようだ。

ナスカはペルーの高原地帯に栄えたアンデス文明の地域である。

そして、トマトはそのアンデスの高原が原産地なのだ。

トマトはまさに「ナスカの作物」なのである。

それだけではない。効果のあったジャガイモもアンデス原産の作物である。

ナス科という分類は、明治時代以降に西洋から伝わったものである。そうだとすると昔の人たちが「ナス科」という言葉を使ったかどうかは、わからないのだ。

もしかすると、四国の言い伝えは、「ナスカの作物」だったのかも知れない。

まさかね。

私はコーヒーをひとくち飲んだ。


アンデス文明が栄えた地では、アンデネスと呼ばれる円形の段々畑の遺跡が各地で見つかる。これは、異なる条件で作物の栽培を試験する農業試験場のような役割を担っていたと考えられている。

農耕が始まってから人類は、さまざまな試行錯誤や経験を積んできた。そして、農業技術を発達させてきたのである。

古臭いように見えても、時代遅れに見えても、昔から世代を超えて伝えられてきた技術は、知恵が蓄積されている。まさに過去からの贈り物である。

目新しい技術を開発することも大切だが、過去からの贈り物の価値をしっかりと次の世代に伝えていくこともまた、大切なことであるに違いない。


この時代の人々は、1000年後の未来に、何を残してくれるだろう。

果たして何か残せるものを持っているのだろうか?

私は冷め切ったブラックコーヒーを飲み干した。
さぁ、私はそろそろ、元の時代に戻ることにしよう。

【みちくさコラム】

音楽のできる学生が持つ「プレゼン力」

ステージの上でバイオリンを演奏する満藤さんの姿を見ながら、私は「本当に彼女は成長したな」と目を細めていた。学生の成長した姿を実感する時間は、私にとっては至福のときである。

飲食禁止の音楽ホールでなければ、コーヒーを飲みたいところだ。

600席の客席に観客はたった8人。演奏が終わると、ホールには8人の拍手が鳴り響いた。

＊＊＊

コロナウイルス感染症（COVID-19）が世界的なパンデミックを起こした2020年、私たちの生活は一変した。

大学は対面授業が中止となり、すべての授業がオンラインとなった。

ゼミもオンラインである。研究活動も制限され、他の人と会うことのないように、時間をずらしながら、研究をしなければならなくなった。

そして、学生たちにとって最後のイベントである卒論発表会もオンデマンドの開催となった。つまり、事前に録画したものをオンラインで視聴するという形である。

これは仕方のない措置である。しかし、これでは、学生たちがあまりにかわいそうでもある。

当時は、集団感染を予防するために、密閉・密集・密接の「3密」を防ぐことが求められていた。そこで、これくらい「密」を避ければ大丈夫だろうと、私は市民ホールを借り切った。そして、研究室内で卒論発表会をしようと計画したのである。

しかし、せっかくホールを借り切るのだ。卒論発表会だけではもったいない。

そのときの私の研究室は、バイオリンや琴やギターなど、楽器の演奏を趣味にしている学生が多かった。また、コロナウイルス感染症の拡大で外出が制限される中で、ウクレレやリコーダーなどの楽器を時間つぶしに始める学生もいた。

それならば、楽器の演奏も披露しようということになったのだ。

しかし、市民ホールを貸し切りである。それだけでも、もったいない。

そこで卒論発表のない3年生は、英語で雑草を紹介するプレゼンテーションをすることになった。スティーブ・ジョブズ氏の新商品の発表会や、TED（著名人による英語の講演会）のように、ステージを右へ左へと歩きながら、オーバーアクションでプレゼンテーションをするのだ。

「雑草学と弦楽器の饗宴」と題されたその会は、学生の手によって、間違って観客が来てしまうのではないかと思うような立派なチラシが作られた。

もちろん、密を避けるために、研究室のメンバーだけの内輪の会である。

＊　＊　＊

しかし、内輪の会にするにはもったいないくらいすばらしい会だった。

せめて親御さんたちを招(まね)いてあげたいとも思ったが、それは学生たちに頑なに拒絶された。確かに親御さんが見ていたら、あれだけ思い切ったパフォーマンスは実現できなかったかも知れない。

本人たち自身は気づいていないかも知れないが、私たち大人から見れば、若い人たちはものすごい勢いで成長していく。本人が気づかないうちに老いていく私とは大違いだ。本当にうらやましい。

とはいえ、学生の成長した姿を実感する時間は、私にとっては本当に至福のときである。

もうコーヒーでは物足りない。今夜はきっと、お酒も美味しいことだろう。

ただ、今回は市民ホールの使用料をケチって暖房が使えなかったので、客席はとっても寒かった。今夜は熱燗(あつかん)にしておこう。

＊　＊　＊

私は、まるで楽器を弾くことができない。

だから、楽器を演奏できる人は本当にすごいと思う。

あくまでも私の偏見だが、音楽のできる人は、プレゼンテーションがうまい。

楽器を演奏するということは、単にドレミの音が出れば良いというものではない。

音楽ができる人は「伝える技術」を持っている。音を大きくしたり、小さくしたり、テンポを速めたり、ゆっくりにしたり。楽譜にはそんな記号が書かれているし、楽器を演奏する人たちは、単なる音符が並んでいるだけのものをドラマチックに仕立てる。そして、聴衆を魅了するのだ。

もっとも、楽譜を忠実に再現しただけの演奏が、人の心を打つとは限らない。

素人が聞いても下手な演奏なのに、なぜか心を打たれることがある。それはおそらく、演奏している人の思いがその演奏にあふれていて、思いも私に伝わってきたときだ。

演奏している人が、感動を味わっていなければ、感動が伝わるはずがない。伝えるべき感動がないからだ。そして、演奏している人が感動していても、その感動を伝えたいと思わなければ、その演奏は独りよがりなものになってしまう。

感動を伝えるには、自分が感動することと、伝えたいという気持ちが大切なのだ。

楽譜には、感動を伝えやすくするためのテクニックが書かれている。

　プレゼンも同じである。伝えるためにはテクニックが大切である。しかし、テクニックだけでは伝わらないものがある。「伝えたいもの」を持っていることと、「伝えたい気持ち」がプレゼンには必要なのだ。

　音楽をやっている学生は、私のそんな話をすぐに理解して、見る見るプレゼンが上達していく。

＊　＊　＊

　それにしても……楽譜も読めないし、楽器もまったく弾けない私が、初見の楽譜で楽器を演奏し、絶対音感を持つような学生たちにこんな説教をするのだから、私の度胸も大したものだ。

　教師というものは、どんなに能力が低くても、立場が上というだけで、何でも偉そうに言えるのだから本当に怖い。

10

コマツヨイグサと指示待ち学生

——あえて自主性は求めない戦略

バイオリンが得意な満藤（まんどう）さんは、もともと、とても優秀な学生である。

しかし、ひとつだけ気になることがあった。

それは、彼女がやや「指示待ち型」であるということである。

とにかく、私の顔色をうかがい、私が何を考えているのかを察しようとする。そして、私が期待するような「正解」を正しく導いてしまうのだ。

「満藤さんは、どう考えているのだろう？　満藤さんは、何をしたいのだろう？」と彼女の考えていることを察しようとしても、彼女は先回りして「私が考えていること」を察しては正解を出してしまう。

まるで出題者の意図を察知して答えを導き出す受験生だ。

じつは、進学校出身の学生には、「指示待ち型」が多い。

受験では、答えのある問題を解き続ける。すべての問題に答えがあり、あらかじめ解き方がある。そして、それを要領よくこなしていく子が優秀と褒められる。おそらくは、それを繰り返しているうちに、否応なしに用意された答えを探す学生になってしまうのだろう。

「私の中に答えはないよ。答えは満藤さんの中にあるのだから」

しつこくそう言っても、満藤さんは私の中に答えを探しに来る。

研究はわからないことを明らかにするという、ある意味で未知への挑戦である。指導教員であっても答えを持っているわけではない。指導教員と学生が共に、答えを探し求めなければならないのだ。それが、研究である。

もちろん、研究だけではない。

世の中は「答えのない問題を自分で作り、答えのない問題を解く」その連続だ。

特に現代は、先のわからない時代と言われる。学生たちも卒業した後は、誰も答えを知らない世界で生きていかなければならないのだ。

満藤さんは、研究もよくできるし、レポートを書かせれば文章もうまい。おまけに英語も得意だ。物足りないのは主体性だけである。

いかにして、彼女の主体性を引き出すかが、私が彼女に対して考えていることだった。

私は彼女を呼び出して、こう諭した。

「満藤さんは、もっと主体的にやらないといけないよ」

「ん？」

私はそう言いながら、「何かこの言葉、おかしくないか？」——と、自分で自分のことがおかしくなった。

だって、そうだろう。

何しろ「主体的にやりなさい」は、それ自体が指示である。

主体的にやりなさいと言われて、主体的になることは、もはや主体的ではない。

「ん？？？」

自主性や主体性って、いったい何なのだろう？


私は考え直した。

本当は「主体的にやりなさい」と言った時点で、教育者として失格なのだ。

学生たちが、自らやりたくなるように仕向けなければいけないのだ。私は彼女を呼び出して叱ったことを深く反省した。

「満藤さん、ごめんね。今、言ったこと全部忘れてくれる？」

満藤さんは、キョトンとした顔で不思議そうに帰って行った。

さすがの満藤さんも今回ばかりは、私の考えてることがわからなかったようだ。

しかし、心配はいらないものである。

あの一件で、満藤さんは「ライス先生の中身はポンコツで、アテにならない」という大切な真実に、やがて気がついたようだ。

そして、自分で考えて行動するようになったのである。

そのことに気がついてからの満藤さんの成長ぶりは、本当に目を見張るようだった。

先生をアテにせずに、研究を思うように進めて、最後には国際学会に先生を置いて出掛けていって、ひとりで発表をしてきた。

「先生がアテにならないって本当に大切だな」と、しみじみ思う。


思い出すのは、私の学生時代だ。

そもそも、私が雑草学を志したのも、先生が教えてくれなかったことがキッカケなのである。

私は、畳の原料となるイグサをポットで栽培していた。

ところが、ポットから、何となくイグサに似ているが、明らかにイグサではない植物が生えてきた。

つまりは、雑草である。

「先生、この雑草、イグサに似ているんですが何ですか？」

さっそく、指導教授に質問すると、教授はこう答えた。

「花が咲けば、図鑑で調べることができるから、花が咲くまで置いておきなさい」

おそらくは、指導教授はその雑草の名前がわからなかったのだろう。もし、名前を知っていて、そう指示したのだとしたら、相当の名伯楽（めいはくらく）である。

かくして、私はその雑草を花が咲くまで置いておくことになった。


イグサがどのような成長をするかは、ものの本にくわしく書いてある。隣に生えている雑草は、どのような成長を遂げて、どのような花を咲かせるのか、まったく予想がつかない。私は雑草の観察に夢中になった。

そして、知らず知らず私は雑草に興味を持つようになったのである。

このとき生えていたイグサ科のコウガイゼキショウは、私にとって記念すべき雑草である。

もし、指導教授が「それはコウガイゼキショウというイグサ科の雑草だよ」と教えていたら、私はこの雑草をじっくり観察することはなかっただろう。その名前を覚えることもなかったかも知れない。おそらくは、その雑草を抜いてしまって、それでおしまいだったはずである。

先生が教えてくれなかったからこそ、私は雑草の研究者になった。

そして、私は「教えない先生」となったのである。

「指示待ち型は仕事ができない」はウソ？

今どきの若い人たちは「指示待ち型」であると言われている。

確かにそのとおりだな、と思うこともある。

しかし私は、世間の人たちが言うほど、「指示待ち型」がダメだとは思っていない。

指示待ち型と呼ばれる人たちは、一般的に優秀である。何しろ、指示さえあれば、たちどころに指示通りに仕事をこなすことができるのである。

どんなに難しい指示であっても、指示に従ってやり遂げる。少し難しいかな、と思う課題を出しても、難なくこなしてくる。それが、「指示待ち型」と呼ばれる現代の学生である。

指示待ち型は、優秀な人間なのだ。

企業の方と話をしていると、「今の若い人は指示待ち型で困る」と愚痴るが、それは指示の出し方がまずいに違いない。

誤解を恐れずに言えば、指示待ち型の人間はロボットと同じである。

「○○について調べてレポート出して」というあいまいな指示では、動くことができない。

「この本の〇ページから〇ページを読んで」「〇文字程度で、内容を要約して」「〇文字以内で根拠を示して自分の意見を書いて」「レポートの評価基準は〇〇、授業のこの内容を書いていると加点します」「〆切は〇日の〇時です」と、ひとつひとつ指示をすれば、まさに私が期待するレポートばかりが〆切日ぴったりに提出されてくる。レポートは遅れるどころか、早目に出されることさえない。

ロボットが動けないとすれば、正しくプログラミングできていないことが理由である。「指示待ち型は仕事ができない」という人は、指示の出し方が悪いのだ。

誤解を恐れずに言えば、指示待ち型の人間はイヌと同じである。

飼い主にとって良いことをしたら「良し」と言って褒める。ダメなことをしたら「ダメ」と叱る。

そのうちイヌは、何をすれば良くて、何をしたらダメかということを覚えて、飼い主の顔色を見て動くようになる。そして、飼い主が指示を出すのをずっとお座りして待っている。

イヌが動けないとすれば、飼い主の指示が悪いのだ。

指示待ち型人間は、ロボットやイヌと同じである。とても便利な存在だ。

おそらく企業という組織にとって、「指示待ち型」の人間ほど、使いやすい人材はいない。

しかし、と私は思う。

本人たちは、それで良いのだろうか？

本人たちは、それで楽しいのだろうか？


指示待ち型の若者は、上半身が筋肉ムキムキの勇者を思わせる。

その勇者は「どんな敵にも負けない」と言いながら、椅子に座っている。そして、目の前に敵が現われれば、どんな敵でも倒すことができるのである。

しかし、その勇者がすることは、敵が現われるのを待つことだけだ。

扉を開けて外の世界に冒険に出ることもなく、椅子に座り続けている。そんな勇者である。

おそらくこの勇者たちは、小さい頃から、常に指示を与えられてきた。そして、指示通り動くことを求められ続けてきた。

指示待ち型の学生は、もともと指示待ち型だったわけではない。

指示待ち型に仕立てられたのだ。

〝指示待ち型学生〟は答えを見抜くと勇者に変わる

研究室に新しい学生が分属されたときに、私がまずやらなければならないことは、「先生がアテにならない」ことを知らしめることである。

私たちが研究するのは身近な雑草だが、そんな雑草であっても、じつはわかっていないことが多い。

学生の観察が、大発見につながることも珍しくないのだ。

「先生なら、こんなこと知っているはずだ」

「先生なら、言わなくてもわかっているはずだ」

と学生が先生を過信すると、学生自身が大切なことを見過ごしてしまう。

学生たちが、ちょっとした発見やちょっとした気づきを私に伝えてくれるようにするためには、先生がいかに物を知らなくて、いかにアテにならないかを教えなければならないのだ。

もっとも、それはけっして難しいことではない。

物わかりの良い学生たちは、すぐにライス先生が、何も知らなくて、まったくアテにならないことを悟って、先生に頼ることを見切ってしまうのである。

それで、良いのだ。

指示待ち型の学生は、上半身が筋肉ムキムキの勇者である。

その勇者たちが椅子から立ち上がり、自分の足で歩き始めると本当にすごい。

私のようなただムダに忙しそうにしているだけのモブキャラは、とてもかなわない勇者となる。

実験レポートやプレゼン資料を持ってきたとき、私はあまりの完成度の低さにブツブツ言いながら、こう指示する。

「何が書いてあるか、全然わからないよ。書き直してきて！」

ところが、もともと指示待ちの能力を持つ彼らは私の中に答えがあるのを見抜くと早い。

「先生が求めているのは、結局こういうことなのね」という解答がわかると、彼らはまるで、カチャカチャと簡単にパズルを解くようにレポートやプレゼン資料を訂正する。そして、次の日には、私が見て非の打ち所がないようなものを完成させて提出してくるのである。

一晩のうちに完成版ができてくるから、私は何が起こったかわからない。

「えっ！　どうして一晩で完成するの？　まさかお母さんに手伝ってもらったの？」

「違いますよ！」

「それとも12時過ぎて泣いてたら魔法使いが現われたの？　もしかしてグリム童話みたいに寝ているうちに妖精がやってくれたってやつ？」

私はしつこく聞くが、学生たちは知らん顔である。

どうしたら、そんなことが可能なのだろう？　本当に教えて欲しい。

何しろ、私は大学から提出を求められている資料が、いったい何を指示されているのかまったく理解できず困り果てているのだ。

身の回りの大人たちを見ていて、世の中には、「自分のやりたい仕事をする人」と「誰かのやりたい仕事をする人」の2種類しかいないと私は思う。「仕事をしている人」と「仕事をさせられている人」と言ってもいいかもしれない。

もちろん、何もかも自分のやりたいように仕事できる人は少ない。サラリーマンであれば、仕事は会社から与えられる。

しかし、与えられた仕事を自分なりの仕事にリフレーミングして、自分の仕事として楽しめる人がいる。そういう人たちの多くは、仕事ができると評価されている人たちだ。そして、そういう人たちは、ある程度、年齢を経て経験を積めば、自分のやりたいことに近いことを実現できる。

もちろん、自分のやりたいことをそのまま実現できるとは限らない。しかし、やりたいことに近いことは実現できるのである。

「仕事をしている人」と「仕事をさせられている人」は、「仕事をしている人」の方が絶対、楽しいと私は思う。だから、私は学生たちに社会に出たら「仕事をしている人」であってほしいと思う。

指示待ち型の学生は、私が指示すれば、私の思い通りに動く。

しかし、「好きなようにしていいよ」と言うと、戸惑って、何もできなくなってしまう。私にとっては、便利なことこの上ないが、それでは学生たちがあまりにかわいそうだ。

私が学生に配る資料には、次のような文章を載せている。

「世の中には、『ジブンデヤル世界』と『ヤラサレテヤル世界』とがあります。ヤラサレテヤル世界の住人は、ずっと誰かがやりたいことをしています。ジブンデヤル世界の住人は、だんだんと自分がやりたいことができるようになっていきます。あなたは、どちらを選びますか？」

「指示待ち型は、楽しくない。彼らを主体的に動けるようにしてあげたい」

私は頑なに、こう考えていた。そう、彼に出会うまでは……。

「指示がないと動けません」と先生に迫る

私の考えを、180度変えさせたのが白根くんである。

白根くんは、「指示待ち型」というダークサイドの学生である。

白根くんの指示待ち型は、他の先生の間でも有名であった。

「指示はまだですか？」「早く指示を下さい」「指示がないと動けません」と、実験や実習のときに先生方に迫ることが、何度もあったらしい。

他の先生方は、白根くんのことを「アグレッシブな指示待ち型」と呼んでいた。

白根くんの行動は、極めて明確である。

彼は指示があれば動く。指示がなければ動かない。ただ、それだけだ。

あるときのこと、コマツヨイグサの花の形態を調査していた白根くんは、花柱の形に変異があることを発見してきた。

「すごいじゃん、すごいの見つけたねぇ」

白根くんの報告を聞いた私は、大興奮だ。

コマツヨイグサは謎の多い植物である。

月見草と呼ばれるマツヨイグサの仲間は、アメリカ大陸原産の帰化植物である。

明治時代には、オオマツヨイグサが全国に広がった。

文豪の太宰治（だざいおさむ）が「富士には月見草がよく似合う」と記したのが、オオマツヨイグサである。やがて時代を経ると、オオマツヨイグサにとって代わって、マツヨイグサが広がるようになり、次いでメマツヨイグサが、オオマツヨイグサに代わって広がった。

２０１９年の大学入試センター試験の国語で出題された上林暁（かんばやしあかつき）の「花の精」には、「月見草

茎が直立せず、地面を覆うように生えるコマツヨイグサ。写真：tamu1500 / イメージマート

には二種類あるんだね」というセリフが登場する。おそらくはこの2種類がマツヨイグサとメマツヨイグサである。

そして現在、広がっているのが、小型のコマツヨイグサである。

このように、外来のマツヨイグサの仲間は時代によって変遷している。どうして、このような置き換わりが起こるのかは、じつはよくわかっていない。


マツヨイグサの仲間は、夕方から夜に掛けて咲く。そのため、宵を待って咲く「待宵草（マツヨイグサ）」と呼ばれているのだ。

夜に咲くマツヨイグサは、暗闇でよく目立つ黄色い蛍光色の花を咲かせる。その仲間は、スズメガというガが花粉を媒介していると言われている。スズメガは花に止まることなく、羽ばたきながら空中停止して、ストローのような口を伸ばして蜜を吸う。そのためマツヨイグサの仲間は、スズメガの体に花粉をつけて受粉するために、雄しべや雌しべを長く伸ばしている。また、花粉が花粉糸という粘着性の糸でつながっていて、花粉が一粒でもつけば、糸でつながった花粉がまとまって運ばれる仕組みになっている。こうして、スズメガに花粉を運ばせるために、さまざまな特徴を発達させているのだ。

しかし、不思議なことがある。

マツヨイグサの仲間は、都会でもどんどん増えていく。

とてもスズメガがやってこないような街の真ん中の道ばたで平気で花を咲かせているのである。こんな街中に、スズメガがやってくるのだろうか？

じつは、これについてはすでに研究されていて、マツヨイグサの仲間は、スズメガがいなくても、種子を残せる仕組みも持っているらしい。マツヨイグサは花が開く前に、自分の花粉を雌しべにつけて自家受粉する。こうして、スズメガの助けに頼らなくても種子を残す手段を発達させているのだ。

マツヨイグサの仲間が、都会でも見られるのは、そのためなのである。


ではなぜコマツヨイグサは、自家受粉できるのか？　それは雄しべと雌しべの長さがほとんど同じだからである。そのため、自分の花粉を自分の雌しべにつけることができるのだ。

ところが、まれに雌しべが短くて、雄しべが長い花が見られることが観察されている。これでは自家受粉をするには、やや不便である。なぜこんな花が生まれてきたのだろう？

雄しべと雌しべの長さの違いに着目

自家受粉で種子を作る「自殖」にはメリットがある。昆虫が来なくても確実に種子を残すことができるからだ。また、まわりに仲間がいなくても１個体だけで子孫を残すことができる。

植物や昆虫の少ない都会に生える雑草は、自殖によって種子を残すものが多い。

さらには、自分の雄しべの花粉を自分の雌しべにつけるだけなので、花粉の量も少なくてすむ。コスト削減が可能なのだ。

このように自殖にはメリットが多い。しかし、実際にはほとんどの植物は他の個体と花粉を交換して他殖をしている。

自殖にはメリットが多いが、多様な子孫を生み出すことができない。これでは何か大きな環境の変化が起きたときに、全滅してしまうリスクがある。

そのため、雑草は自殖で種子を残すことができる一方で、他殖をする仕組みを併せ持っていることが多い。雌しべが短いコマツヨイグサの花も、もしかすると他殖をするための仕組みなのかもしれない。

ある学生は、自殖を、「一夜漬けのテスト勉強」にたとえた。

なるほど、うまいことを言うものだ。自殖は、そのときのことだけ考えればお得だが、後々のことを考えるとあまり良くない。つまり、「短期的にはメリットが大きいが、長い目で見るとデメリットが無視できない」ということなのだ。

さて、白根くんの〝すごい発見〟は、ここからが本題だ。

白根くんは雌しべが短いタイプの花だけでなく、それとは逆に雌しべが長くて、雄しべが短いタイプの花があることを見つけてきた。

それだけではない。

コマツヨイグサの雌しべの先は、４つに分かれていて花粉を受けやすくしている。

ところが、である。白根くんによると、中には雌しべの先が開かずに、閉じたままの花があるという。これでは花粉を受けることができない。つまりこの花は、花粉を受けることはせずに、花粉を渡す専用の花だ。

植物の中には、雄しべだけが発達して雌しべが退化した「雄花」と、雌しべだけが発達して雄しべが退化した「雌花」を持つものがあるが、雌しべの先が閉じたこの花は、まるで雄花のようだ。


「すごいじゃん、すごいの見つけたねぇ」

聞けば、その変異がかなりの高率で観察されるという。

私は興奮して彼に言った。

「それでいつ調査するの？」

「別に調査するつもりはありません」

「えっ？　どうして？　こんなに面白いこと発見したのに！」

こんな面白いことを調査しないなんて、金の鉱脈を見つけて掘らないようなものだ。

やるか、やらないかという二択があるとき、白根くんは間違いなく、やらない方を選ぶ。

「面白いじゃん。これ調べたら、すごいよ」

どんなにおだてても、あおっても彼は動こうとしない。

しかたがない。RPを発動するか……。

私は諦めた。

RPは私の作った記号である。RPは最後の手段である。

RPを発動することは、私の教育の敗北を意味する。できればRPだけは使いたくなかったが、やむを得ない。

私は白根くんの名前が書かれた彼の指導日誌に「○月○日、RP発動」と書いた。


指示待ち型人間を動かすことは簡単である。

指示を待っているのだから、指示をしてやれば良いだけのことなのだ。

「白根くん、来週、時間ある？」

私は聞いた。

「空いてます」

「それなら、地図のこの場所と、この場所と、この場所の自生地3か所をまわって、50個体ずつ調査して、花柱の変異の出現率調べてくれない」

「わかりました」

「来週の金曜日までに、データ送ってくれる」

「わかりました。やっておきます」

白根くんは、私の言ったとおりに調査をしてデータを持ってきてくれた。

「RP」は「ロボットプログラム」の略である。

私の研究室では自主性を重んじている。

学生自身が考え、学生自身がやりたいように研究を進めさせてあげたい。できるだけ指示は出したくないのだ。

しかし、もう無理だと思ったときは、指示を出す。学生の自主性をあきらめて、指示を出してロボットとして扱うのである。

ロボットは、入力したコマンドどおりに動く。ロボットが動かないとすれば、それは、ロボットが悪いわけではない。コマンドが悪いのだ。

それが最終手段の「RP」なのである。

学生諸君、ふだんは何も言わない私が、事細かに指示を出し始めたら、要注意である。

【みちくさコラム】

私は迷い始めている

白根くんはダークサイドの人間である。

これは私が言い出したことではない。他の学生の言葉だ。

彼は、やらなくてもいいことはやらない。

やるか、やらないかの選択があるとき、彼は迷わずやらない方を選ぶ。そして、先生の指示がなければ、余計なことは何もやらない。

ところが、彼は消極的なわけではない。アグレッシブな指示待ち型である。

そのため、周囲の学生を自分の雰囲気に巻き込むようなオーラがあるのだ。

この悪いオーラに巻き込まれて、他の学生にもすっかり「やらない」雰囲気が蔓延してしまった。この負のオーラを、他の学生は「ダークサイド」と表現したのである。

残念ながら、この年、私の教え子が2人、ダークサイドに落ちてしまった。

白根くんは、余計なことはやらないが、単位を取るために必要なことや、先生から与えられた最低限のことはやる。だから、最低限のデータを取り、最低限のレポートを出す。

白根くんは、やるべきことはわかっているのだ。

ところが、白根くんの「やらないオーラ」でダークサイドに落ちた学生は、何をやるべきかさえもわからなくなり、やるべきこともやらなくなってしまうのである。

白根くんは、洗練された指示待ち型なのだ。誰もがマネできるわけではない。

＊＊＊

映画『スター・ウォーズ』シリーズでは、オビ＝ワン・ケノービの弟子が、ダークサイドに落ちてダース・ベイダーになるというシーンがある。ダークサイドに教え子を取られた私には、弟子をダークサイドに取られたオビ＝ワンの気持ちがわかる気がする。

しかし、である。

じつは、かくいう私もダークサイドに落ちかけている。

白根くんは、自他共に認める指示待ち人間である。

すごいことに、彼は自分でも「指示待ち人間」であることを認めているのだ。

その上で、「指示待ちで何が悪い」というのが、彼の言い分である。余計なことはやらずに、言われたとおりにやること、これの何が悪いというのだ。

確かに、一理ある。

言われたことだけやっていれば、ムダがないし、間違いもない。

本当に、自主性は必要なのだろうか？

本当に、自主的にやらなければならないのだろうか？

誰かの指示に従い続けるという幸せもあるのではないか？

私は迷い始めている。

白根くんを見ていると、考えれば考えるほどわからなくなってくるのである。

＊＊＊

「『ジブンデヤル世界』と『ヤラサレテヤル世界』と、あなたは、どちらを選びますか？」

＊＊＊

毎年学生に配る資料に、翌年、私は文章を付け足した。

＊＊＊

「ヤラサレテヤル世界を選んだあなたを、私は否定しません。冒険に出ない生き方も、それはそれで楽しい生き方なのかも知れません。もし、常に指示をしてもらいたいのであれば、遠慮なく言ってください」

＊＊＊

指示待ち型人間は、能力が高い優秀な人間が多い。指示をこなす能力があるから、指示を待つことができるのだ。

白根くんもまた、自分から研究を展開することはないが、ＲＰ（説明は２０６ページ）さえ発動すれば、常に期待以上の成果を出してくれる優秀な学生であった。

それだけではない。自他共に認める指示待ち型である白根くんは、研究センスに優れた学生であった。指示待ち型は悪くないと思わされたのは、そのせいでもある。

彼は色々なことに「気づく力」に優れていた。そして「アイデアを出す力」にも優れていた。ただ、そこから行動に移すことはない。

ずっと待機モードで指示を待っているが、もしかすると、この姿勢こそが、バタバタ慌ただしくしている私では見逃していることに気づき、深く考えてアイデアを出すことにつながっているのかも知れない。

白根くんは、ひとりでは何かを成すということはないかも知れないが、誰かと組むことで大きな仕事を成し遂げるだろう。優秀なドライバーによって高い性能を発揮するＦ１マシンのような存在だ。

残念ながら私は優秀なドライバーではないが、まずは運転席に座ってハンドルを握ることを意識してみよう。

11

ムシトリナデシコと真実を見抜く力
——指示待ち型学生が選んだ驚きの就職先

私は、長年、私の研究室のメンバーたちが気になっていたムシトリナデシコの課題を白根くんに与えてみることにした。彼はすでに卒業研究として、マツヨイグサの研究を行っているから、本当はやらなくても良い追加の研究である。

しかし、私が相談すると「嫌だ」というわけでもなく、「ぜひやりましょう」というわけでもなく、研究に取り組んでくれることになった。それが「イヤイヤ」だったのか、「喜んで」だったのかは、私にはわからない。

ムシトリナデシコは、茎に帯状に粘液を分泌するところがある。この粘液にハエなどの小さな虫がくっついていることがある。そのため、「虫取り」と名付けられているのだ。

一見すると食虫植物のようにも見えるが、ムシトリナデシコは、食虫植物ではない。

それならば、どうしてムシトリナデシコは、茎に虫が付着するような粘着物質を出しているの江戸末期〜明治時代に鑑賞用として日本にもたらされたものが各地で野生化したといわれるムシトリナデシコ。
コメット / PIXTA（ピクスタ）

だろうか。

これは大いなる謎である。

あえてアリを上らせてみる

一般的には、アリが花に上るのを防ぐ効果があるのではないかと言われている。

植物の花は、ハチやアブなどを呼び寄せるために蜜を用意している。ところが、アリが花にやってきて蜜を盗んでしまうのである。そのため、植物の花の中には、細かい毛をいっぱい生やして花の内部へのアリの侵入を防いでいるものもある。

ムシトリナデシコも、茎に粘着する部分を設けることによって、アリが上るのを防いでいるというのである。

本当だろうか？

ムシトリナデシコの粘着部分には、虫がよく捕らえられているが、ほとんどが小さなハエなどである。ムシトリナデシコは英語ではキャッチフライ、これも「ハエを獲る」という意味だ。「アリを獲る」ではないのである。

もし、アリを防ぐためのものであれば、ゴキブリホイホイのようにアリがたくさん掛かっていても良さそうなものである。ところが、アリが捕まっているところを見る機会は少ない。実際に、自生地で群落を調べてみても、アリが捕まっているようすは観察されなかった。

それにもし、この粘液が、アリの忌避するようなものなのだとすれば、粘着性はなくても匂いで忌避させるだけでも良いような気もする。

本当に、ムシトリナデシコの粘液は、アリを防ぐためのものだろうか？


このテーマは歴代の研究室のメンバーにとって気になる謎であった。

しかし、「アリを防ぐためのものである」ことを確かめるだけだと、卒業研究としてはあまりに面白みがないし、「アリを防ぐためのものではない」となったとき、「じゃあ、何のために」という謎に答える有力な仮説はない。

とりあえず白根くんと、粘液がアリを防ぐためのものであるかどうか、を確かめてみることにした。

これを確かめるには、粘液を出すところをテープなどで覆ってアリが上れるようにしてみれば良い。

私と白根くんは、テープを貼った個体と、テープを貼らない個体を5株ずつ用意して、小型の定点カメラで花を撮影してみることにした。

その結果、どうだろう。

1週間撮影した映像を確認しても、アリが花にやってきているようすはない。

もう1週間、カメラを仕掛けてみたが、結果は同じだった。

粘着部分をなくして、アリが上れるようにしても、アリは花にやってこなかったのだ。

ところが、白根くんがあることに気がついた。

「先生、テープを貼った方に虫がたくさん来ているような気がします」

「本当？」

確かに、テープを貼った方が虫が多く訪れている感じもする。

「粘着物質が訪花昆虫を呼び寄せているのではないでしょうか？」

まさか、そんなことはあるわけはない……。

それが私の第一感だった。

何しろ、茎の粘着物質の話である。花を訪れる昆虫に関係するはずがない。

そうは思ったものの、

「映像を確かめて、やってきた虫をカウントしてくれる？」と白根くんにお願いした。

すると、どうだろう。

明らかに、粘着部を隠した個体の方に、ハチやアブが多く訪れたのである。

茎に粘液がある理由は敵を寄せつけないため？

本当だろうか？

そこで、ネットで囲った中にムシトリナデシコの株を入れて、ハチやアブやハエの仲間をネットの中に放した。そして、昆虫の訪花活動を観察したのである。

見ていると、粘着部を隠した個体の方に、より多くの昆虫が集まっているような感じがする。しかし、どうもはっきりしない。昆虫たちはテープを貼った個体にだけ集まるわけではない。テープを貼らない個体にも集まる。

こうなると実験を繰り返すしかない。

たとえば、サイコロを振ると一の目が出る可能性は6分の1。しかし、2回振っても、一の目が連続で出ることはある。3回振っても一が出ることがあるだろう。まだ偶然かもしれない。しかし4回、5回と振っても一が出たらどうだろう。このサイコロは一が出やすい可能性が出てくる。そのため、実験を繰り返すことで、それが偶然に起こりやすいことなのか、偏って起こりやすいのかが、明らかになってくるのである。

その結果、やはりテープを貼って粘着部を隠した方が、より多くの昆虫が花にやってくる傾向が明らかになったのである。

花を訪れる昆虫にとって、粘液があることは何か意味があるだろうか。

ひとつの仮説としては、茎に粘液があれば天敵のクモが茎を上がってこないという可能性もある。花にやってくる昆虫にとって、警戒しなければならないのは、花に潜むクモである。そのため、ハチやアブなどは、花に止まる前に、花のまわりを飛んで、クモがいないことを警戒することが観察されている。

しかし、この可能性は低いだろう。

何しろ粘液があればクモが上がってくれないという情報をハチやアブが学習できるとは思えない。しかも、粘着部にクモが付着しているようすも、あまり見かけることはない。

また、小さなクモは、お尻から出した糸で風に乗り、空中を飛んで移動することができる。そのため、粘着部だけでクモの侵入を防ぐことはできないのだ。

そもそも、そんな面倒くさいことのために、ムシトリナデシコが粘着部を発達させてきたとは考えられない。

素直な心が、真実をたぐり寄せる

本当に、粘着部は、花を訪れる昆虫を呼び寄せるのだろうか。

白根くんは、Tの字の形をしたガラス管を用意した。そして、Tの字の右側に粘着部のある茎、左側に粘着部のない茎を置いて、T字の下からヒラタアブという小さなアブを入れて左右どちらにいくかを選ばせるという試験を行った。その結果、粘着部のある方を選ぶアブが多かった。左右を入れ替えても、やはり粘着部を選ぶ虫が多かった。

次に、粘着部のある茎と花とを比べると、花の方を選ぶ虫が多かった。

最後に、粘着部のある茎と花をセットにして、粘着部のない茎と花をセットにして比べてみると、粘着部のある茎の方を選ぶ虫の方が多かった。

どうやら、粘着部は、昆虫を引き寄せる補助的な役割を持つことは間違いなさそうだ。もしかすると、粘着部にハエが多いのは、誘引されてしまった結果なのかもしれない。

しかし、昆虫を呼び寄せるだけであれば、粘着部でなくても良さそうである。

結局、粘着部が何のためにあるのかは、現在でもわからずじまいである。

私にしてみれば、粘着部が昆虫を引き寄せるというのは、思いも寄らない話である。しかし、白根くんは、先入観なく、粘着部のある茎に昆虫が多く集まっているという事実を見抜いた。指示待ち型である彼らは、指示どおり動く。その指示にどのような意味があるのか、その指示は正しいのかどうか、あまり深く考えていないように見える。

しかし、白根くんの素直な心は、真実を素直に見る力に長けているかも知れない。

「指示待ち型の人間はあなどれない」――これが、私が白根くんから学んだことである。

「指示はまだですか？」「早く指示を下さい」「指示がないと動けません」

そんな言葉を繰り返し、「アグレッシブな指示待ち型」と先生たちを呆（あき）れさせていた白根くん。

根っからの指示待ち型の彼は、いったい、どんな社会人になるのだろう。


彼は、ちゃんと自分にぴったりの就職先を見つけてきた。

「自衛隊」である。

聞けば、小さい頃から、興味があったという。

自衛隊では、指示どおり動くことが求められる。

「この指示にどんな意味があるのだろう？」、そんなことを考えてしまうようでは、迅速に行動することができないし、統率も取れない。

「指示がないと動けません」が信条の彼には、もってこいの仕事である。

誰にも天職というものは、あるものなのだ。

私は冷め切ったブラックコーヒーを飲み干した。

【みちくさコラム】

私は、幽霊は信じない

私は、幽霊は信じない。

もっとも幽霊らしきものを見たことはある。

調査のために学生と2人で車を走らせていた。

軽自動車でなければ上がることのできないような細い山道の農道である。私はこの調査のために、ワゴンタイプの軽自動車を借りていた。

シトシトと雨が残っている。道は薄く霧が立ちこめていた。

道路の左側は崖である。大切な学生を乗せたまま、車ごと崖に落ちるわけにはいかない。

私は慎重に車を走らせていた。

「調査できますかねぇ」

学生が心配そうに言う。

「天気予報だと、これから晴れてくるはずだけど」

急な坂道に車を走らせていくと、道路のカーブのところに、小さなお地蔵さんが立っている。

「こんなところにも、お地蔵さんがあるんですね」

学生が言う。

「そうだね。お地蔵さんって、もっと里に近いところにあると思ってたよ」


さらに山道をくねくね登っていくと、次の右に曲がるカーブのところにもお地蔵さんが立っていた。

「不思議だなぁ」と思いながら登っていくと、次も右に曲がるカーブのところにお地蔵さんが立っている。

どうして右カーブごとにお地蔵さんが立っているんだろう。

そう思いながら、次のカーブを曲がろうとすると……そこにはお地蔵さんはなかった。

そして、何とおじいさんが立っていたのである。

薄い霧の中ではあるが、間違いなくおじいさんだ。

「えっ!」と思ったが、学生は何も言わない。

まさか、見間違いだったのか? いや、そんなはずはない。確かにおじいさんだった。

学生に尋ねようと思ったが、学生は何も言わない。

まさか、私だけに見えたのだろうか……。

＊＊＊

後で聞いてみたところ、学生にも見えていたらしい。

しかし、私が何も言わないので、「自分だけに見えたのか」と震えていたらしい。

「あれは幽霊だったんでしょうか?」

学生が聞く。

「そうだね」

私は言った。

「崖から落ちたおじいさんが、自分が死んだことがわからず山道を登り続けているのかも知れないね」

もちろん、私は幽霊は信じない。

しかし、私の研究所がある地域には、昔、お地蔵さんが子どもに化けて田植えを手伝ってくれたという昔話が残っている。もしかすると、あれは、お地蔵さんの化けた姿だったのかもしれない。もしかすると、あの場所に立って、霧の中で私たちの車が崖に落ちるのを防いでくれたのかも知れないのだ。

あるいは……と私は思う。

あれは、タヌキが化けたと考える方が合理的だ。

＊　＊　＊

私は、幽霊は信じない。

UFOもネッシーも信じない。

私は科学者なのだ。

ただ信じるのは、「タヌキが化ける」ということだけだ。

タヌキを信じているのは、私が化かされたことがあるからである。

＊　＊　＊

大学への赴任が決まり、それまで勤めた研究所で送別会を開いてもらった帰り道のことである。

思えば、薄曇りの空に、月が2つ出ていた。曇り空に2か所、明るい場所があったのだ。

それでも、どこかのサーチライトが雲を照らしているのだろうと、あまり不思議にも思わなかった。しかし私は、すでにタヌキに化かされていたのだ。

駅から家に帰るときに、歩行者だけが通れるガード下の近道がある。ところが、何度も通っている道なのに、その夜に限って道が見つからない。

あれ、おかしいな。

行き過ぎたかと思い、引き返してみたが、やっぱり道は見つからない。

おかしい、そんなはずはない。

焦って、何度も何度も行ったり来たりしたが、どんなに探しても見つからない。

あわてて、走りだそうとすると、もらった花束を抱えたまま、ドブに落ちてしまった。そして、泥だらけになって、ドブから出てみると、探していた道は目の前にあったのだ。

まるで昔に観たアニメ番組『まんが日本昔ばなし』のワンシーンである。

私はそれを実体験したのだ。

そのため、幽霊の存在は信じていなくても、タヌキが化けることは信じているのである。

＊　＊　＊

もっとも最近は、タヌキに化かされたのではないかというのは、勘違いだったのではないかとも思い始めている。

大学の農場の夜道を歩いているときに、留学生がいきなり叫んだ。

「センセイ！」

「えっ、なになに？」

「今、キツネが目の前を走りすぎました！」

「えっ、キツネ？　何も見えなかったけど」

「今まで見たこともないような、ウルフのような大きなキツネです」

そして留学生は、こう言ったのである。

「木立に入る前にキツネがセンセイの方を見てました」

「えっ⁈」

もしかすると、私が化かされていたのは、タヌキではなく、キツネだったかも知れないのだ。

12

ケシ科ケシ属の輝く場所
――まじめで実直、は強みになる

私が現在の大学に赴任したばかりの頃の話である。

私の研究所はキャンパスから離れた大学の農場の中にあり、研究所の建物の中には宿泊できる部屋がある。その部屋に初めて宿泊することになった。

研究所は広大な野山に囲まれた中にある。夜はまったくの静寂である。

ところが、である。

夜中に窓の外で音がしたような気がして目が覚めた。目が覚めたと言っても、夢うつつの状態である。

すると、足下で女の人が立っているらしいことに気がついた。

私も寝ぼけていたので、「あれ、学生が来たのかな?」くらいに思って、また眠ってしまった。

それだけの話である。

朝、起きても、そのときの記憶はあった。

あれは何だったのだろう？　女の人が立っていたのは気のせいだったのだろうか？　現実のようにも思えるし、夢の中のできごとのようにも思える。その程度の話だった。

しかし、である。

これは「幽霊を見た」という噂話にしたら面白いぞ、といたずらを思い立った。

そして、出勤してきた事務の方たちに、この話を面白おかしくしてみたのである。

すると、事務の人たちは見る見る顔色を変えて、声をそろえてこう言ったのだ。

「やっぱり、出ましたか！」

研究所のすべての時計が一斉に止まった

聞けば、私が宿泊した部屋は、幽霊が出るという噂があるらしい。

研究所という場所は、幽霊話がつきものである。

私が大学に赴任する前に勤めていた研究所も、「軍靴の行進の音が聞こえる」とか、「白い服が廊下を横切る」という話があった。私は、幽霊は信じない方なので、下手な作り話だなとは思っていたが、ただ、ふだんは冗談も言わないようなマジメな研究者たちが、「間違いなく見た」と真顔で言っているのは、少しだけ怖かった。

夜の研究所というのは、ものすごく寂しい。そんな場所でひとり残って実験をしていると、有りもしないものが聞こえたり、見えたりするのだろう。脳の作り出す錯覚というやつである。

ちなみに大学の私の研究所に出る幽霊は、お姫様の幽霊らしい。

じつは研究所の裏山は戦国時代の山城があった場所で、建物がある丘陵地は、その昔は戦国武将の屋敷があった場所だという。

その戦国時代のお姫様が、現われると言われているのである。

もともと、研究所が建てられたばかりの頃は、ここで働く人が考えられないようなケガをするなど、奇妙な事故が続いたらしい。そこで、お祓(はら)いをして、供養塔を建てると、それからはそのような事故は起こらなくなったという。ただ、それからも幽霊を見た人は、何人もいるらしいのだ。

私は、幽霊は信じない。

しかし、あるとき、研究所のすべての部屋の掛け時計が一斉に止まるということがあった。同じ時刻を指して、すべての時計が止まってしまったのだ。しかし、たったひとつだけ動き続けた時計があった。それが幽霊の出ると言われる部屋の時計だったのである。

私は、幽霊は信じない。しかし、不思議なことがあるものだ、とは思う。

雑草研はときどき強化合宿を行う。

私の研究室がある研究所は宿泊施設を伴っているので、夜を徹して、データの解析や論文の執筆を集中的に行おうというものだ。

「データの解析が終わるまでは眠らない！」「部屋に缶詰になって論文を書き上げる！」と意気込んで始めるが、畳の部屋でゴロゴロしたり、お菓子を食べたりして、夕食時に軽くお酒を飲み終わる頃には、もう何のための合宿だったのか、誰ひとりわからなくなっている。

そして、始まるのが「雑草ナイトサファリ（夜の観察会）」だ。

建物の外に出ると外は真っ暗だ。丘の向こうには、遠くの街の夜景が見える。

「わぁ、星がきれい！」

誰かが言う。

残念ながら遠くに見える街の灯（あか）りが邪魔して、天の川さえ見られないくらいの星空だが、これくらいの方が夏の大三角のような有名な星は見つけやすい。

まずは、茶畑に棲（す）む太ったアナグマを探しに行く。

農場の茶畑には太ったアナグマが棲んでいて、ときどき姿を現わす。しかし、いざ探しに行くと会えないのがアナグマである。

「いないね」と言いながら、茶畑の畝間の一本一本を懐中電灯で照らしていく。こんなに簡単に見つかるようでは、野生動物とは言えないだろう。

次は田んぼだ。田んぼではカエルたちが鳴いている。懐中電灯で照らすと、アマガエルがのどをふくらませて鳴いているのが見える。

雑草研の学生であっても、やっぱり最初に目が行くのは、動く動物である。
いよいよ雑草の観察だ。

雑草ナイトサファリからの肝試し

ヨモギが葉を立てて眠っている。ヨモギは葉の裏に毛が密生しているので、葉を立てて裏側を見せていると、植物全体が白く見える。月の光に照らされて、まるで白く輝いているようだ。

カタバミやシロツメクサも葉を閉じて眠っている。これは「就眠運動」と呼ばれる現象だ。植物が眠るような行動をする本当の理由は、よくわかっていない。

夜に咲く花もある。

農場のまわりにはマツヨイグサが咲いている。まるで地球の植物とは思えないような鮮やかな蛍光色だ。

カラスウリも夜咲く花である。白いレースのような花びらは、本当に幻想的だ。

畑を巡って、温室へ向かう。

運がいいとドラゴンフルーツの花が咲いているのだ。

ドラゴンフルーツは、サボテン科の植物である。同じサボテン科の植物には、ゲッカビジンがある。ゲッカビジンは満月の夜だけに咲くと言われている。そして、夜に咲いて朝までにはしぼんでしまう。満月の月夜に咲くから、「月下美人」と呼ばれているのである。

じつはドラゴンフルーツの花も、ゲッカビジンとよく似ている。そして、ドラゴンフルーツも一晩しか咲かない花だ。

ゲッカビジンが満月にしか咲かないというのは迷信だと言われているが、ドラゴンフルーツは満月や新月に近いときに咲くように思える。これも迷信なのだろうか？

温室を出て、温室の向こう側に行くと、木の陰に石碑がある。ふだんは人があまり行かない場所だ。

私はおもむろに懐中電灯で照らしてみる。

「萬霊(ばんれい)供養塔」という石碑に刻み込まれた文字が浮かび上がる。

この供養塔こそが、事故が続いたときに、お祓いをして建てられた供養塔だ。

「何これ！」

何も知らない下級生は大騒ぎだ。

現在では、この供養塔は、研究のために命を落とした動植物の霊を祀(まつ)る役割も果たしている。

霊とは無縁そうに見える自然科学だが、意外なことに自然科学を行う研究所の多くがこうした慰霊塔を持っている。

昔は家畜の研究もしていて、家畜の供養が主だったようだが、家畜がいなくなった今でも年に1回供養祭が行われる。私たちの研究も、雑草の犠牲の上に成り立っているので、実験で命を奪った雑草に祈りを捧(ささ)げる。

「えーっ、幽霊が出るって冗談ですよね」

「いや、そう聞いているよ」

「ウソだって言ってください」

「疑うなら事務の人に聞いてみれば」

そう言うと学生たちは何も言い返せない。どうやら教授の言うことより、事務のお姉さんの言うことの方が信頼が置けるようだ。

あることないこと織り交ぜて、いわくつきの供養塔の説明をしながら、やがてナイトサファリは肝試しになっていく。

慰霊塔の先の道は森の縁を通っていて、そこからは街灯の灯りがなくなる。

「ここから先は、懐中電灯は消して行こうよ。スマホのライトもオフにして」

電気を消すと、急に暗闇が襲ってくる。

光にあふれた現代では、真っ暗な闇というのは、貴重な体験だ。

しばらく歩いて行くと、今は使っていない古びた牛舎がある。古いクモの巣がいっぱいあって、このあたりは結構、怖い。ときどき、何だかわからないけものの声もする。

そこを抜けると、もともと牧草地だった広場に出る。

そして、そこには満天の星があるのだ。

もっとも、その場所でも天の川は見えない。

「うちの地元なら、きれいな天の川見えますよ」と誰かが必ず、かわいくない田舎自慢をする。

さて、研究所の建物に戻ってきても、肝試しは終わらない。

建物に戻ると、建物中の電気を消して真っ暗にする。そして、例の幽霊が出るという部屋に行ってくるというミッションが課せられるのだ。

時間は夜の九時。幽霊が出るには早すぎる時間である。

しかし、夜の研究所は結構、怖い。しかも、この研究所はまわりに人家がない丘の上にあって、灯りもなくシーンとしている。十分に肝試しができる環境だ。

2人ずつ順番に、3階の一番奥の部屋まで行って、部屋にあるものを持ってくる。

途中で脅かそうと、階段で潜んでいた学生が、「隠れている方が怖いです」と戻ってきた。

「面白そう！」と女子学生たちがはしゃいでいる傍らで、柔道部出身の体の大きな男子学生が「ボク、こういうのダメなんです」と巨体を震わせて脅えている。

本当に「男らしさ」とか「女らしさ」というものは、誰かが作り出した幻想に過ぎないのだと、つくづく思う。

人間の分類方法によって、さまざまに分類されてきたタマネギ

私は、幽霊は信じない。

たとえば、人間はサルから進化したと言われている。

それならば、サルの幽霊がいっぱい現われても良さそうなものだ。

サルが幽霊になるのであれば、卵を産む前に叩(たた)き潰された蚊(か)や、志半ばで抜かれてしまった雑草の怨念(おんねん)も化けて出そうなものである。

もし、人間の幽霊だけが特別なのだとすれば、サルから人間に進化する過程で、人類は二足歩行や道具を扱うようになっただけでなく、幽霊になる能力も進化させたことになる。

そもそも、人間はサルから進化したと言われているが、サルのお母さんから、いきなり人間の赤ちゃんが生まれたわけではない。少しずつ少しずつ進化を重ねてサルから人類に進化をしたのである。

そうだとすると、どこまでの祖先がサルでどこからが人間かという明確な区別はない。

そもそも、地球上の生物はＬＵＣＡという単細胞生物が共通祖先となり、現在地球に存在するさまざまな生命に進化したと言われている。

ＬＵＣＡが共通祖先となり、少しずつ少しずつ進化を重ねて多細胞生物となり、やがて植物に

進化したり、動物に進化をしたりしたというのだ。

つまりは、植物と動物との境界も明快ではないことになる。

いったい、どう考えれば良いのだろう。

進化学者のダーウィンは、こう言っている。

「もともと分けられないものを、分けようとするからダメなのだ」


自然界のすべてのものに区別はない。

しかし、それでは人間は困る。

人間の脳は、複雑なものを単純化して理解することが得意である。そのため、さまざまなものを分類して区別することで物事を理解しようとするのだ。

自然界のすべてのものに区別はない。

自然界の区別というものは、人間が勝手に決めているものだ。だから自然界の真実に合わないときもある。人間が勝手に決めているのだから、それは当たり前のことだ。

たとえば、ミドリムシという微生物がいる。ミドリムシは葉緑体で光合成を行うが、べん毛で泳ぎ回る。葉緑体を持っているという点では植物だが、泳ぎ回るという点では動物だ。はたしてミドリムシは植物なのか、動物なのか。

もっとも現在では、植物や動物は多細胞生物に限ると定義づけられているから、単細胞生物のミドリムシは植物でも動物でもない。

カモノハシは哺乳類なのに卵を産む。「哺乳類なのに卵を産むのはおかしい」と言われるが、カモノハシは哺乳類でも古いタイプの生物である。つまり、私たちが哺乳類を定義するずっと以前から地球に存在していたのだ。それなのに後から誕生した人類が「おかしい」といちゃもんをつける方が「おかしい」。


植物の分類も同じである。

図鑑の分類は、時代によって変化したり、国によって違ったりする。

植物の分類というものは自然界の摂理ではない。

自然界の摂理を理解しようとして、人間が勝手に決めていることだ。

その昔は、見た目で植物を仲間分けしていた。似ているものを同じグループと考えたのである。

見た目が似ているもので分ける方法が、リンネの分類である。

やがて、見た目だけではなく、進化の順番で古いものから新しいものへ、そして祖先が同じものを同じグループとして分類するようになった。

最初は、単純な花から複雑な花へ進化したと考えて、植物を分類していた。これは新エングラー体系と呼ばれる分類法だ。単純なものから複雑なものへ進化したと考えると、この分類がしっくりきたのだ。

ところがその後、複雑な花から単純な花へ進化したと考えられるようになった。そこで、この考え方に沿って作られたのがクロンキスト体系である。

世界では、新しいクロンキスト体系が取り入れられていったが、日本のように、この分類を採用しなかった国もある。何しろ日本は植物の数が多い。分類を変えるとなると、標本や植物リストなどをすべて見直さなければならない。

そして、そうこうしているうちに新しい分類方法が提案されたのだ。

それが見た目ではなく、遺伝子で分類する方法である。この方法は、ＡＰＧ植物分類体系と呼ばれている。この方法は、最初のうちはあまり相手にされていなかったが、遺伝子の解析の精度が高まってくると、見る見るうちに、採用されていった。

そして、見た目で区別していた分類が大きく見直されるようになったのである。

たとえば、哺乳類のイルカと魚類のサメはまったく別の種類だが、見た目はよく似ている。それは、「早く泳ぐ」という目的のために進化した結果、似たような姿に進化をしてしまったのだ。これは「収斂(しゅうれん)進化」と呼ばれる現象だ。

じつは、植物でも同じようなことが起こっていた。

見た目は似ていても、まったく別の種類であるということが普通に起こっていたのである。

たとえば、タマネギは古くはユリ科に分類されている。その後、新たにネギ科が設けられ、ネギ科に分類されたが、今ではネギ科は廃止されて、ヒガンバナ科に分類されている。タマネギは、何ひとつ変わっていない。昔からタマネギである。

しかし、人間の分類方法によって、分類が変更されてきたのだ。

一方、タマネギは「ヒガンバナ科」という分類とは別に、「野菜」という分類もできる。

野菜の中でも辛みがあるのでニンニクと同じように香辛野菜と呼ばれることもある。収穫するときには重たいのでサツマイモと同じように重量野菜と呼ばれることもある。栄養素的には淡色野菜と呼ばれる。また、食べる部位から、茎菜と呼ばれる。しかし、タマネギの茎は芯の部分だけで、私たちが食べる部分は葉っぱが栄養を蓄えて玉になったものである。そのため、キャベツと同じように葉菜に分類した方が良いという意見もある。

イチゴやメロンは、農家の人は野菜として育てるので野菜に分類しているが、流通するとデザートとして食べられるので果物に分類される。

要は、どの立場の人が、どう分けたいかによって分類は変わるのだ。

根性ダイコンは野菜か雑草か？

「雑草」という分類も、面白い分類である。

「雑草」という分類は、あまり科学的な分類であるとはいえない。たとえば、ヨモギという植物は畑で問題となる雑草である。しかし、草餅の原料となったり、薬草になったりもする。

私は学生に向けた授業で、アスファルトから芽を出したダイコンの写真を見せる。

こぼれたタネから道ばたで芽を出したダイコンは「根性ダイコン」と呼ばれている。

授業で、私は問いかける。

「この根性ダイコンは、雑草でしょうか？　それとも雑草ではないでしょうか？」

毎年、学生に問いかけているが、いつも意見は半々に分かれる。

ひとつは、「道ばたに生えているのだから雑草だ」という意見である。

もうひとつは、「どこに生えていようとダイコンは野菜だから雑草ではない」という意見である。

どちらも、もっともな意見だ。

授業での私の答えは、どうだろう。


じつは、この問いは、問いとして成立していない。何しろ私の答えは「どちらも正解！」だからだ。

雑草は、邪魔者という意味がある。

根性ダイコンが邪魔だと思う人にとっては雑草である。一方、こんなところにダイコンが生えている、これは儲けた、と思う人にとっては、やっぱり野菜である。

要は、見方によって変わるのだ。

セリは、水田の代表的な雑草である。ところが、セリを野菜として育てるセリ田と呼ばれる場所がある。セリ田に間違ってイネが生えてきたとしたら、雑草として抜かれるのは間違いなくイネの方である。

人の見方によって変わってしまうような「雑草」という概念は、あまり科学的な感じがしない。しかし、すでに説明したように、イチゴやメロンが野菜か果物かも、見方によって変わる。分類とはその程度のものなのだ。

「Z世代」と分類して区別するのは管理する上でとても便利

分類は人間が勝手に決めたレッテルである。

分類とは、じつに、いい加減なものだ。

しかし、私は分類することを否定しない。

何しろ、分類は便利である。

たとえば、最近の若い人のことを「Z世代」と呼ぶ。

「Z世代」と呼ぶことによって、今まで捉えどころのなかった若者のことが、急にわかったような気になる。

ちなみに私の世代は「X世代」である。よくわからない世代だから、未知数のXをつけられて、X世代と呼ばれたのだ。そして、それから時代が進み、Y世代、Z世代と世代も進んだ。そして、X世代の私でさえも理解できない世代が登場しているのである。

しかし、「Z世代」と分類すれば、「だから、X世代の自分には理解できないんだね」と妙に納得できる。

分類は、本当に便利だ。

「草食系」とカテゴライズすれば、急に学生たちのことが、わかったような気がする。

理系女子とか、血液型A型と聞いたとたんに、何となくその人のことを理解した気になる。

本当は、何もわかっていないし、その人の本質がそれだけで説明されるはずもない。

しかし、人間の脳にとって大切なことは、「わかった気になる」ことである。

だから、それで良いのだ。

特に、分類して区別することは、管理する上でとても便利である。

分類は、管理される側にとっては、何も意味は持たない。

「理系っぽいね」とか、「草食系だね」と分類されたとしても、本人にとって影響はない。

どう見られようと、「私は私である」ことが、その人の本質だ。

分類して区別することは、管理する上でとても便利である。

だから、私は学生を区別する。

じつは私は研究室の学生をいくつかの分類に区別している。その区別に基づいて、指導方法を変えているのだ。「分類して区別する」ことは、管理する側にとっては、本当に便利なツールである。

誰よりも長い時間、研究所にいて、誰よりもたくさんのデータを集める

その中に、「ケシ科ケシ属」という学生の分類がある。

ケシ科ケシ属は、種子が非常に細かい。ごく小さいものを意味する「ケシ粒」という言葉があるが、ケシの種子が、そのケシ粒である。

ケシ科ケシ属の学生は、非常に細かい。そして、細かいところを気に掛けるので、作業に時間が掛かるという共通点がある。

誰よりも長い時間、研究室にいて、誰よりもたくさんのデータを集めるのが、ケシ科ケシ属の学生だ。

しかし、ケシ科ケシ属の学生が良い研究をするかというとそうでもないところが、難しいところだ。むしろ、ケシ科ケシ属の学生は〝研究ができない〟学生であることが多い。

どうしてだろう？

研究室の仕事には、「研究」と「調査」とがある。それでは、「研究」と「調査」とは、どう違うのだろうか？　色々な説明があると思うが、私は次のように解釈している。

たとえるなら、調査は警察の鑑識のようなものだ。あらゆることを調べて記録していく。どれが重要な証拠になるかどうかはわからないが、必要になるかどうかわからないからだ。

一方、小説やドラマであれば名探偵が登場して、鮮やかに事件を解決する。名探偵は、「この人が犯人なのではないか？」とまず筋書きを考えて、その筋書きが正しいかどうかを検証していく。このように仮説を立てて、検証をしていく作業は、研究のスタイルとまったく同じである。

調査は地道な作業である。作業量も膨大だ。

一方、名探偵は、地域の美味しいものを食べたり、美女とロマンスを繰り広げながら、犯人を突き止める。

「調査」と「研究」と聞くと、調査の方が簡単で、研究の方が大変なことをしているのではないかと思うかもしれないが、実際は、その逆である。研究の方がずっと楽なのだ。

調査と研究の違いは、仮説があるかどうかである。

仮説があることで、作業は本当に楽になる。

調査は誰が犯人かはわからない。ただ、目の前の証拠をコツコツと集めなければならない。集め忘れるということは、許されない。すべてのデータを取る必要がある。

たとえば、「この地域にある植物の種類を調べる」という課題であるとすれば、すべての植物をもれなくリストアップする必要がある。

もちろん、これは重要な作業だ。しかし、膨大な労力を要する作業である。

一方、「AエリアはBエリアよりも、タンポポが多そうだ」と仮説を立てれば、タンポポだけを調べれば良い。しかも多いか少ないかは、統計的に推量することができるから、最低限のサンプリング調査をすれば良いのだ。

ただし、そのときには仮説の立て方が問題となる。

「犯人はこいつじゃないか」と決めつけて検証した結果、もし、それが間違いだったとすれば、犯人はわからなくなってしまうし、もしかすると無実の人を逮捕することになるかもしれない。

名探偵には、「正しそうな仮説」つまり、「検証する価値のある仮説」を立てるセンスが求められるのである。

ケシ科ケシ属こそ答えのない時代に強い

楠村（くすむら）くんは、ケシ科ケシ属に分類される学生である。

研究室の仕事は、この仕事が調査なのか、研究なのか、その仕事の性格を理解して進めることが必要となる。

楠村くんの卒論のテーマは、調査ではなく、研究である。

しかし、彼の仕事は研究っぽくはない。

誰よりも頑張って研究室に来て、誰よりもたくさんのデータを集めているが、誰よりも研究成果が出ていないのだ。調査は調べること自体が仕事だから、調査すればするほど、データが集まる。しかし、研究は仮説を検証する作業である。そのため、やみくもにデータを集めても意味はない。

普通の人ならば1週間に1回くらい測定すれば良さそうな植物の成育を毎日測ったり、草丈だけ測れば良さそうなところを、ありとあらゆる部位の成長を測定する。

研究には、必ず仮説がある。

その仮説を検証するために、必要なデータを効率良く取れば良い。

しかし、楠村くんは、それ以外のデータも大量に取る。

私にとっては、取らなくても良いと思われるデータも多いが、もちろん、私はそんなことは言わない。もしかすると、私は不要と思っていても、そのデータが重要になる可能性もある。一生懸命にデータを取っている学生に「そのデータは意味がない」とは言えないのである。

ただ、データが大量に蓄積されてくると、パソコンの中はデータであふれ、そのうち、どのデータが大切で、どのデータが余分に取ったデータなのかさえわからなくなる。

やがて、そもそもの仮説もわからなくなる。

そのうち、何のために何をやっているのかさえ、わからなくなる。

いわゆる「データの海に溺れている」状態だ。

一生懸命やっているが、成果が出ない。苦労している割には、報われない。悪く言えば要領が悪い。

それがケシ科ケシ属の特徴である。

要領の良い探偵たちが、仮説を立てて、少ないデータで効率良く研究成果を上げているのと比べると、ケシ科ケシ属はあまりにもどかしい。

スピードや効率で勝負するな

世の中はスピードの時代である。

誰もが効率を求め、ムダを省こうと努力している。

ケシ科ケシ属の学生は、おそらく世の中に出てから、苦労をするだろう。


しかし、と私は考える。


世の中はスピードの時代である。誰もが効率を求めムダを省いてきた。

こんな時代だからこそ、ケシ科ケシ属の学生が輝く場所もあるのではないだろうか。

スピードの時代だからこそ、時間を掛けることに価値がある。

ムダを省いている時代だからこそ、ひと手間掛けることに価値が出る。

スマートさが求められる時代だからこそ、這いつくばってデータを集められる人が必要だ。

何が良くて何がダメかは、1本のものさしの尺度でしかない。スピードや効率を求める中で、
私たちは大切なものもまた切り捨ててきた。見方を変えれば、評価はまるで変わるはずだ。

だから私は、ケシ科ケシ属の学生に無理にスピードは求めない。

大切なことはスピードで勝負しないことだ。効率で勝負をしないことだ。

残念ながら、ケシ科ケシ属の卒業論文は出来が良いとは言えない。しかし、それで良いではないか。卒業論文の成績こそ、たった1本のものさしの尺度でしかない。しかも、私というたったひとりの評価でしかない。

卒業論文の成績が悪いからといって、ケシ科ケシ属の価値が失われたわけではないのだ。

こんな時代だからこそ、まじめで実直であることが評価されるべきだ。もし、神さまが存在するのであれば、まじめで実直な人間こそが幸せになるべきなのだ。

ただ、答えのない現代では、まじめに取り組むだけでは成果が出ないことも、また事実である。だから、私はケシ科ケシ属の学生は、まじめで実直であることを大切にしながら、プラスアルファでもうひとつ、武器を持って欲しいと思っている。

残念ながら答えのない研究も、まじめで実直なだけでは、成果につながらない分野のひとつだ。楠村くんもまた、膨大なデータの海に溺れてアップアップしながら、やっと陸地に泳ぎついたような卒論を書いた。

ただ楠村くんは、何十種類ものさまざまな雑草の発芽試験や、畑での発生のデータを残してくれた。楠村くんの残した膨大な生データは、データベースとして参考になるものだった。

研究の仮説を検証するためだけに効率良く集められたデータは、本人の仮説の検証にしか使えない。しかし、すべてのデータを網羅した膨大な調査のデータは「誰かのため」になる。こういう仕事も大切なのだ。

ケシ科ケシ属の植物の話をしよう。

ケシ科ケシ属は、細かい種子をつける。

どうして、大きい種子をつけないのだろう。小さい種子よりも大きい種子をつけた方が発芽の力も大きいし、生存の可能性は高まる。

しかし種子生産に使うことのできる資源は限られているから、大きい種子をつけようとすれば、生産できる種子の数は少なくなる。

一方、種子を小さくすれば、それだけたくさんの種子を生産することができるのだ。

ケシ科ケシ属は、細かい小さな種子を無数に生産するという戦略なのだ。

何が起こるかわからない、どれが生き残るかわからない、こんな不安定な環境でケシ科ケシ属は力を発揮する。

ひとつひとつの種子はごく小さくても、とにかく数がたくさんあるから、いずれかの種子は生き残ることができるのだ。

何が正解か明確であれば、限られた種子に投資した方が良い。

しかし、どれが正解かわからないのであれば、ひとつひとつの種子は小さくしても、数で勝負した方が良いのだ。それが植物のケシ科ケシ属である。

役に立ちそうなものが、役に立たないことがある。

役に立たなそうなものが、役に立つこともある。

そうだとすれば、一見して効率の良いものや、一見して役に立ちそうなものばかりを求めることは危険なのだ。

答えのない時代である。

誰もが効率を求める時代だからこそ、楠村くんのような物事に愚直に取り組む存在も、大切なのだと私は思う。

白い光の正体は

最後に怖い話をしよう。

あるときのことである。

「ライス先生！　茶畑の方で、白い光が動いています」

学生が研究室に駆け込んできた。

「またまた、気のせいじゃないの？」

私は一笑に付して、まともに扱わなかった。

「そんなことはありません」

学生は、怒り口調だ。

「最初は気のせいかと思ったけれど、何度、見直しても白く光っています」

学生は真顔で言う。どうやら、本当らしい。

「しかも、白い光がゆらゆらと動いているんです」

「本当？」

「本当です。もしかすると幽霊かも知れません」

「まさか！」

私は、幽霊は信じない。信じているのは、タヌキが化けることだけだ。

それでも、学生があまりに真剣に訴えるから、仕方なく様子を見に行くことにした。

学生に促されるままに茶畑の方を見てみると、確かにぼんやりと白い光が見える。

学生が言っていたことは、本当だったのだ。

おそるおそる茶畑に近づいていくと、白い光は、気のせいではないことがはっきりしてきた。間違いなく茶畑の白い光はゆらゆらと動いている。

思い切って茶畑に懐中電灯を向けると、私たちが目にしたものは……。


「楠村くん！」

見れば、楠村くんが茶畑の地面を照らしながら、何やら作業している。

「楠村くん！　何してるの？」

「朝から調査しているんですけど、全然終わらないんです」

聞けば、ずっと茶園に生えている雑草を調査していたらしい。

「そんなに時間を掛けてたら、朝にはなかった新しい芽が生えてきちゃうよ」

しかし、楠村くんの話では、まだまだ調査は終わりそうにないと言う。せっかく頑張っているのに、「そんなのは意味がないよ」と言い放つのもあまりに酷だ。だからと言って、こんな闇夜で手伝ってあげるのも難しい。

結局、楠村くんを茶畑に残して、私と学生は、建物に戻った。

茶畑では、白い光がゆらゆらと揺れている。

幽霊がこの世に実在するのかどうかは、私にはわからない。しかし、ケシ科ケシ属は間違いなく実在するのだ。

怖い怖い。

さぁ、夜も更けてきた。

私は幽霊は信じない。しかし、幽霊が出る丑三つ時(うしみつどき)まで起きて執筆するのは、怖いからやめておこう。

まだまだ書き足りないことがあるけれど、それは続編のお話にすることにしよう。

続編がありますとは誰からも言われていないが……。

私は冷め切ったブラックコーヒーを飲み干した。

ケシ科ケシ属のナガミヒナゲシ、別名は虞美人草。
写真：tamu1500 / イメージマート

エピローグ　雑草研の真実

「先生、これ何ですか？」

ひとりの学生が、机の後ろの戸棚から、ゲラ刷り（校正刷り）の束を見つけ出してきた。

私のいる研究所は、改築工事が行われることになった。そこで工事の間、いったん研究室を引っ越すことになったのだ。

今日は、散らかった私の部屋の片付けを学生たちに手伝ってもらっていたところだ。

「あ、それ何でもないよ」

「何か、日記みたいなこと、書いてありますよ」

もうひとりの学生ものぞき込んでいる。「何だ、何だ」と学生たちが集まりだした。

ヤバい！

ヤバいは、今どきの学生たちのヤバいではなくて、私の世代のヤバい、だ。

「何でもないから、早くよこしなさい」

「日記じゃなくて、小説みたい」

「あれ、ライス教授って、先生のことですか？」

「私の私物なんだから、早く返しなさい」

「ライス教授、ずいぶんカッコ良く書いてますね」

「いいだろ！　小説なんて、みんなそんなものだよ」

「やっぱり、小説なんだ！」

「いいから、早く返しなさい」

「ブラックコーヒーが好きなんて、聞いたことないですよ」

「この間だって、留学生に教えてもらった砂糖たっぷりのコーヒーが美味しい、なんて言って、びっくりするくらいたくさん砂糖入れてたじゃないですか」

「小説なんて、みんなそんなものだよ」

「この瀬田って誰ですか？　瀬田なんて、うちの研究室には、ＯＢも含めていませんよ」

「早く返さないと、単位あげないよ」

「先生、今のわかりやすくパワハラですよ」

「いやいや、ごめんごめん、っていうかその束を返さないのは、何ハラなんだ！」

「瀬田って誰ですか？　研究室のＯＢにそんな人いないですよね」

「仮名ですか？　先生の知っている人の名前がモデルですか？」

「初恋の人だったりして」

「もしかするとして、瀬田ってエノコログサの学名のセタリアのことじゃないですか」

「まさか、ムシトリナデシコの白根って、学名のシレネをもじってます？」

「先生の考えることって、やっぱり安易ですね」

「先生、そんなマニアックなとこ、こだわったって、誰も気がつきませんよ」

そうなのだ。

江尻はヘクソカズラの学名、パエデリア、満藤はスミレの学名ビオラ・マンデュリカから無理やりつけた名前だ。空名はナス、津辺はトマトの学名に由来している。瓜成はコミカンソウ、鳥海はシロツメクサ。楠村はノゲシの学名ソンクスをひっくり返してみた。

「でも、井西はどうですか？　タカサゴユリの学名と違うみたいだけど？」

「タカサゴユリの学名は、リリウム・フォルモサナムですよね」

「ヒメタカサゴユリの方じゃないですか？」

「ヒメタカサゴユリの変種名の学名は、プリセイ……まさかそこから『いせい』とつけたわけではないですよね」

「そうだけど、何か問題ある？」

「だって、井西は、『いにし』って読むんですよ」

「えっ、そうなの？　だって井東は、『いひがし』じゃなくて、『いとう』でしょ」

「井西は、『いにし』です」

「ルビまで振っちゃったのに……」

「はい、いきなりの誤植です」

「それにしても、なんでこんな下手な小説まがいなもの書いているんですか」

「やっぱり下手なんだ……」


「いやいや、じつはね」

こうなったら、告白するしかない。

出版社の編集者にそそのかされて、研究室の紹介をする本を作ることになったのだ。出版社の人は下手だなんて言ってなかったけど、やっぱりおだてられてたんだな。

「もしかしたら、ドラマ化とかされちゃうかも知れませんよ」

ひとりの学生が言った。

「ドラマ化されたら、教授役は長身のモデル体形のイケメン俳優にお願いしようかな」

私が言い終える前に、

「何でずんぐりむっくりな先生の役がモデル体形のイケメンなんですか」

と一斉につっこまれた。

「だってドラマ化するってそういうことでしょ」

私は続けた。

「みんなも、自分の配役は誰にお願いするか決めておいた方がいいよ」

「もし、ドラマ化することになったら、ドラマチックな研究生活をしたいよね。予想どおりの成功ばかりだと、ドラマにはならない。研究ってうまくいかないこともいっぱいあるけれど、壁にぶつかった方がドラマになるよね」

私は言った。

「10話分くらいドラマチックな失敗をしたら、みんなを主役にしたスピンオフ作品ができるかもよ」

「さぁ、このシーンも使われるかもしれないから、しっかり引越しの荷造りしてよね」

やれやれ、何とか急場だけはしのいだようだ。

私はブラックコーヒーを飲み干した。

しっかり読まれたら、学生のことをどう思っているか、すっかりバレてしまうところだった。

それにしても、学生というものは、本当に油断も隙もない。

やっぱり、最初のページに、油性マジックでちゃんと書いておくべきだったなぁ。

「この作品はフィクションです。登場する人物・団体・名称等は架空のものであり、実在のものとは関係ありません。ただし、雑草にかかわる記載や紹介した研究成果はフィクションではなく、すべて実在のものです」

◆参考文献◆

倉貫義人『ザッソウ　結果を出すチームの習慣』（日本能率協会マネジメントセンター）
太宰治「富嶽百景」
上林暁「花の精」
ちいかわオフィシャルサイト　https://www.anime-chiikawa.jp/
講談社コミックプラス「ちいかわ」既刊・関連作品一覧
https://kc.kodansha.co.jp/title?code=1000038588

稲垣栄洋（いながき ひでひろ）
静岡大学農学部教授。静岡県出身。岡山大学大学院農学研究科修了。博士（農学）。農林水産省、静岡県農林技術研究所等での勤務を経て現職。『面白くて眠れなくなる植物学』（PHP文庫）、『生き物の死にざま』（草思社文庫）、『はずれ者が進化をつくる』（ちくまプリマー新書）、『大事なことは植物が教えてくれる』（マガジンハウス）、『子どもと楽しむ草花のひみつ』（エクスナレッジ）、『面白すぎて時間を忘れる雑草のふしぎ』（王様文庫）、『植物に死はあるのか』（SB新書）など、著書は150冊以上にのぼる。「国私立中学入試・国語　最頻出作者」1位に連続してなるなど（日能研調べ）小中学生にも愛読者が多い。

ブックデザイン／柳谷志有（nist）
イラスト／プクプク　校正／玄冬書林
DTP／昭和ブライト
制作／松田貴志子・斉藤陽子　販売／中山智子
宣伝／鈴木里彩　編集／竹下亜紀

雑草学研究室の
踏まれたら立ち上がらない面々
2023年9月19日　初版第1刷発行

著者　稲垣栄洋
発行者　下山明子
発行所　株式会社　小学館
〒101-8001　東京都千代田区一ツ橋2-3-1
電話（編集）03-3230-5125
（販売）03-5281-3555
印刷所　共同印刷株式会社
製本所　牧製本印刷株式会社

ISBN978-4-09-389133-2